全国高职高专工程测量技术专业系列教材

工程制图与识图习题集

第3版

王 侠 孙 刚 主编

GONGCHENG ZHITU YU SHITU XITIJI

DI 3 BAN

中国电力出版社
CHINA ELECTRIC POWER PRESS

内 容 提 要

本习题集为全国高职高专工程测量技术专业系列教材。它是在第 1 版的基础上，总结近几年教学改革的经验，按照国家最新发布的有关制图标准、设计规范等修订而成的。本习题集与全国高职高专工程测量技术专业系列教材《工程制图与识图》（第 3 版）配套使用。

为了便于教学，本习题集的内容、编排顺序和难易程度均与配套教材一致。本习题集共分为 10 章，具体内容包括正投影法基础、轴测图、立体的表面交线、组合体、工程物体的表达方法、标高投影、制图的基本知识和技能、房屋施工图、路桥工程图和水利工程图。

本习题集可供高职高专及成人高等教育工程测量技术专业的学生使用，也可供其他土建类相关专业选用，也可作为有关工程技术人员的参考用书。

图书在版编目（CIP）数据

工程制图与识图习题集/王侠，孙刚主编. —3 版. —北京：中国电力出版社，2022.7
全国高职高专工程测量技术专业系列教材
ISBN 978－7－5198－6754－6

Ⅰ. ①工… Ⅱ. ①王…②孙… Ⅲ. ①工程制图－识图－高等职业教育－习题集 Ⅳ. ①TB23-44

中国版本图书馆 CIP 数据核字（2022）第 077294 号

出版发行：中国电力出版社
地　　址：北京市东城区北京站西街 19 号（邮政编码 100005）
网　　址：http：//www.cepp.sgcc.com.cn
责任编辑：王晓蕾（010－63412610）
责任校对：黄 蓓 马 宁
装帧设计：张俊霞
责任印制：杨晓东

印　　刷：三河市百盛印装有限公司
版　　次：2009 年 1 月第一版　2022 年 7 月第三版
印　　次：2022 年 7 月北京第十四次印刷
开　　本：787 毫米×1092 毫米　8 开
印　　张：12.5
字　　数：175 千字
定　　价：32.00 元

前　言

　　本习题集第 3 版是在第 2 版的基础上修订而成，与第 3 版教材配套使用。修订中，严格遵守国家最新颁布的制图标准和设计规范，同时吸收了近几年教学改革的实践经验和使用院校的反馈意见。

　　本次习题集修订总的宗旨是按照配套教材的修订进行，调整、修改部分章节的习题。具体修订内容如下：

　　（1）更新了制图标准和规范。修订中注意习题内容遵守国家最新发布的制图标准和设计规范。

　　（2）调整、修改部分章节的习题。一是调整难易程度，考虑到不同层次学生的需要，合理配置习题难易梯度。二是增加题型。题目多样化有助于学生从不同角度思考问题，避免定向思维，更好地培养空间构型能力和创新能力。

　　本习题集由王侠、孙刚主编。具体编写人员和分工如下：河北水利电力学院王侠编写了第 1、4、8、9 章，河北水利电力学院孙刚编写了第 5、7 章，山西水利职业技术学院张若琼编写了第 6、10 章，河南平顶山工学院潘传姣编写了第 2 章，河北水利电力学院董成编写了第 3 章 3.1、3.2 节，河北水利电力学院马文超编写了第 3 章 3.3、3.4 节。

　　限于编写时间和编者水平，书中难免存在缺点和不妥之处，恳请广大读者批评指正。

编者

2022 年 5 月

第 1 版 前 言

　　本习题集是全国高职高专工程测量技术专业规划教材《工程制图与识图》的配套用书。本习题集全面贯彻国家和行业最新制图标准，并结合高职高专教学改革的实践经验，为适应高职高专教育的需要而编写。

　　工程制图是一门实践性很强的课程，习题和作业是实践环节的重要内容。为了便于教学，本习题集的内容和编排顺序与教材一致，各章均有一定数量的练习题。考虑到各校在学时安排上情况不同，习题的数量和难度有一定的伸缩性，可根据具体情况和教学需要选用。为了更好地体现高职高专的教育特点，在题型的设计上力求新颖，并具有一定的趣味性。

　　本习题集由王侠主编，张若琼任副主编。具体编写人员和分工如下：河北工程技术高等专科学校王侠（第 1、5、8 章）、山西水利职业技术学院张若琼（第 3、6、10 章）、河南平顶山工学院潘传姣（第 2、4、7 章）、辽宁交通高等专科学校韩丽馥（第 9 章）。在习题内容的审阅中，主编对各章习题均做了较大的修改，力求所编习题与教材内容对应，难易程度适中，并尽量结合工程实际。

　　本习题集由河北科技大学崔振勇教授、河北工程技术高等专科学校孙世青教授担任主审。

　　限于编写时间和编写水平，书中难免存在缺点和不妥之处，恳请广大读者批评指正。

编　者

第 2 版 前 言

本习题集是在第 1 版的基础上修订而成，与改版后的教材配套使用。修订中严格遵守国家最新颁布的制图标准和设计规范，同时吸收了近几年教学改革的实践经验和使用院校的反馈意见。

本次习题集修订与配套教材的修订同步进行，调整和修改了部分章节的习题。具体修订内容如下：

（1）更新了制图标准和规范。本习题集第 1 版于 2009 年出版，修订中习题的内容遵守国家最新发布的制图标准和设计规范。

（2）调整、修改部分章节的习题。主要从三个方面进行：

1）调整题量。删减不必要的习题，增加重点内容相应的习题。

2）调整难易程度。题目重在训练学生应对各种形状物体的空间思维能力，不可过于复杂。

3）增加题型。题目多样化有助于学生从不同角度思考问题，避免定向思维，更好地培养空间构型能力和创新能力。

本习题集由王侠主编，张若琼任副主编。具体编写人员和分工如下：河北工程技术高等专科学校王侠（第 1、5、8 章）、山西水利职业技术学院张若琼（第 3、6、10 章）、河南平顶山工学院潘传姣（第 2、4、7 章）、辽宁交通高等专科学校韩丽馥（第 9 章）。全书由王侠负责统稿。

限于编写时间和编者水平，书中难免存在缺点和不妥之处，恳请广大读者批评指正。

编 者

目　录

第1章 正投影法基础

| 1.1 根据投影图找出相应的立体图 | | | 班级 | 姓名 | 学号 |

1.2　点、直线的投影

| 班级 | | 姓名 | | 学号 | |

1. 已知点 A（20，15，20）、B（0，25，0）、C（15，0，25），求作其立体图和三面投影图。

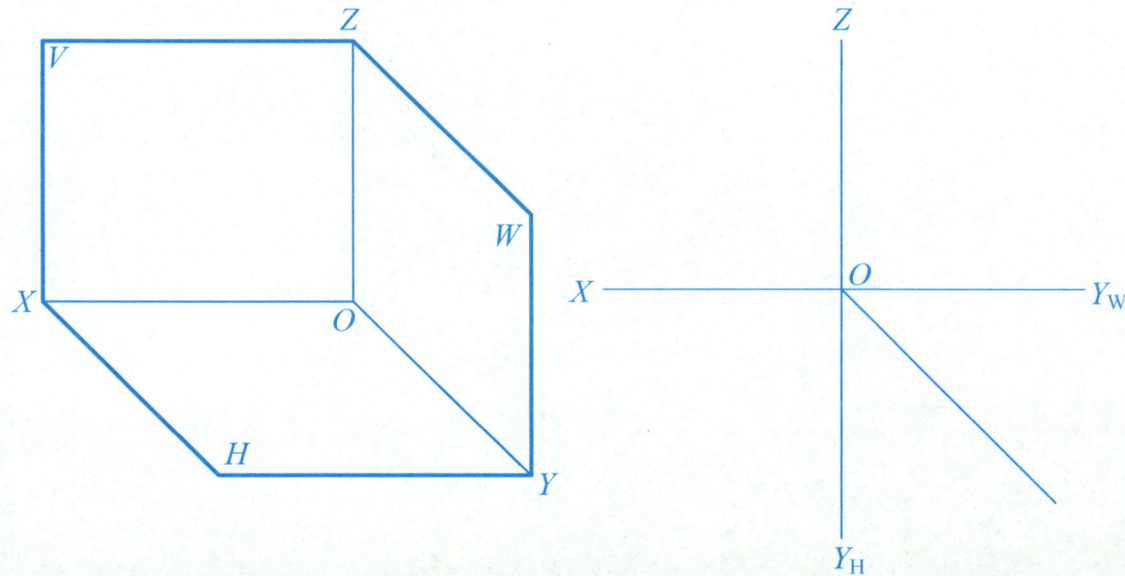

2. 已知点的两面投影，求作其第三投影并填写空间位置。

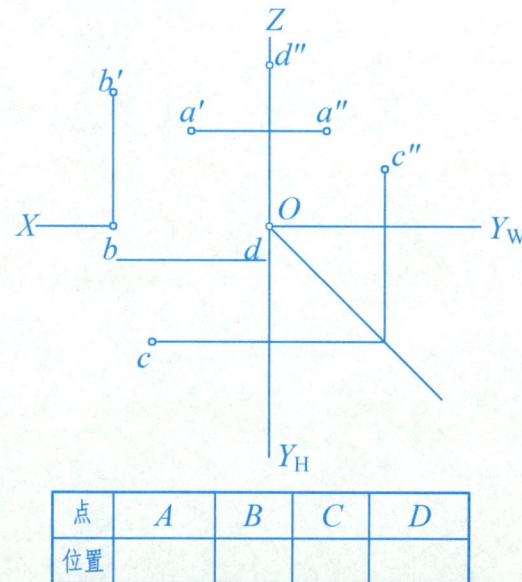

点	A	B	C	D
位置				

3. 已知点 D(22，30，20)，点 E 在点 D 之左10mm、之后10mm、之下10mm；点 F 在点 D 正右方12mm，作出 D、E、F 的三面投影，并表明重影点的可见性。

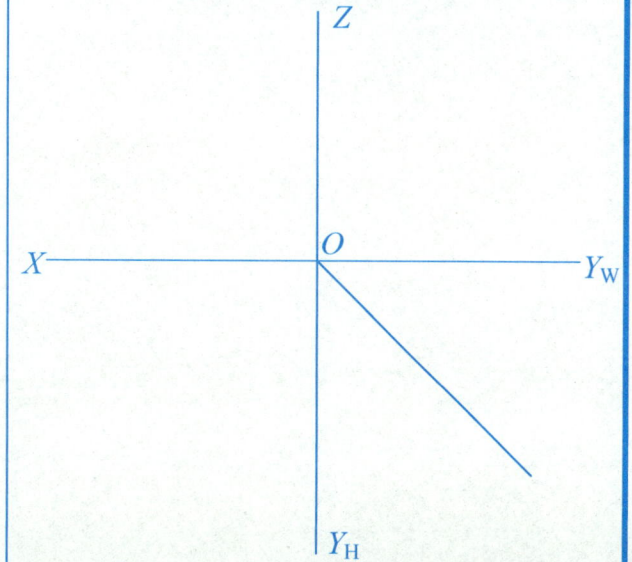

4. 过 A 点作下列直线的三面投影：（1）一般位置直线 AB，B 点在 A 点之左20mm，之后10mm，之上5mm；（2）正平线 AC，C 点在 A 点的右上方，$\alpha=30°$，长度为20mm；（3）正垂线 AD，D 点在 A 点的正前方，长度为15。

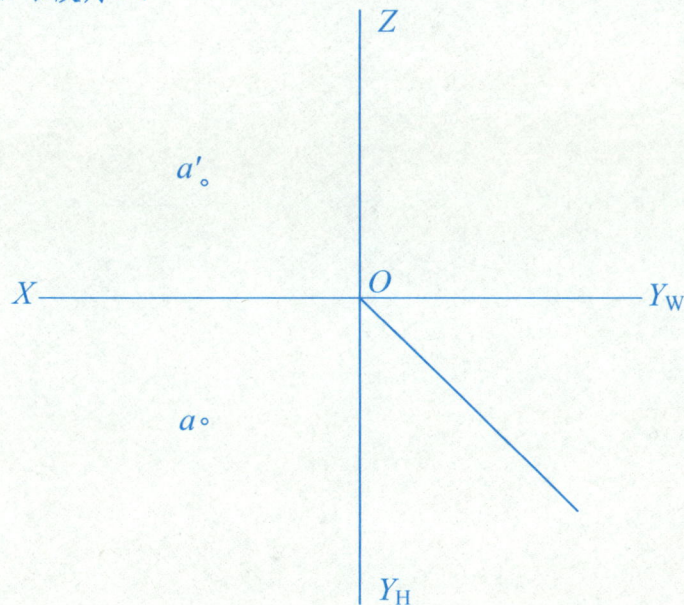

5. 根据两面投影判断下列直线的空间位置，并在直线上取一点 K，距 H 面为15mm。

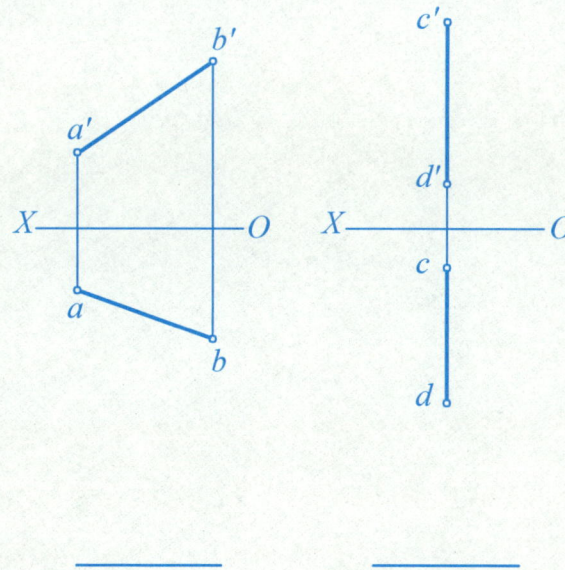

6. 判断直线 AB、CD 的相对位置，在括号内填写平行、相交或交叉。

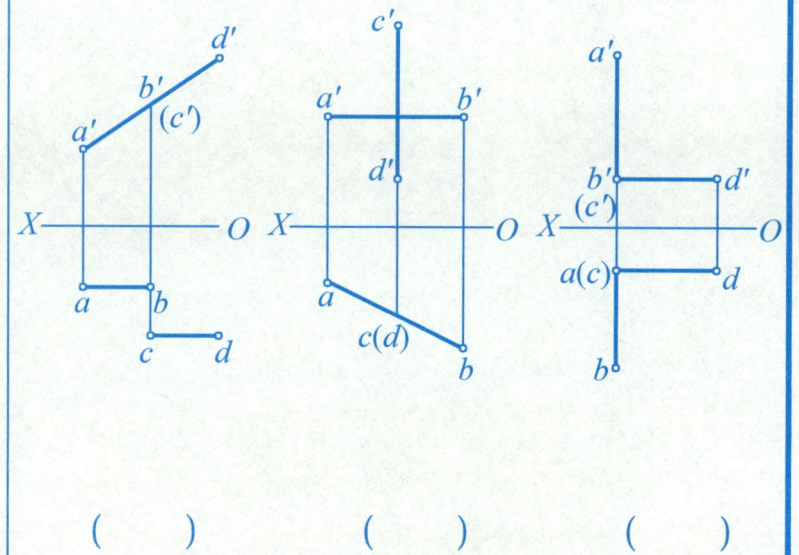

（　　　）　　（　　　）　　（　　　）

· 2 ·

班级　　姓名　　学号

1.在两面投影中标出立体图中所示各平面。

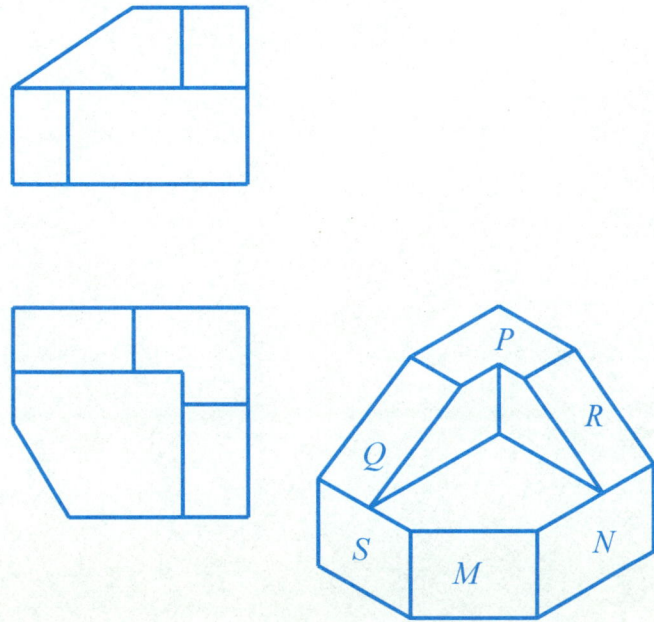

2.已知平面的两面投影，求第三面投影。

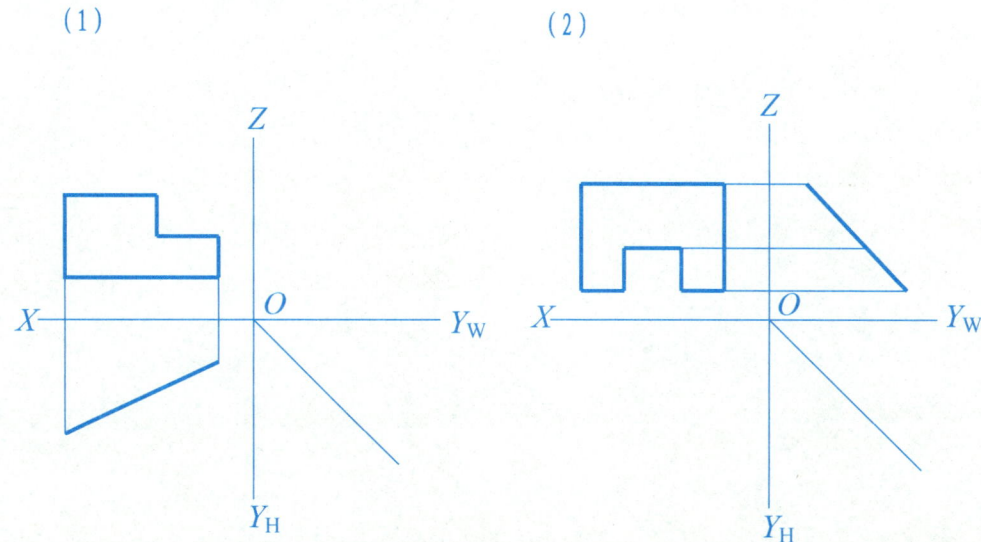

（1）

（2）

3.已知线段MN在平面内，完成该线段的水平投影；并判断K点是否在平面内。

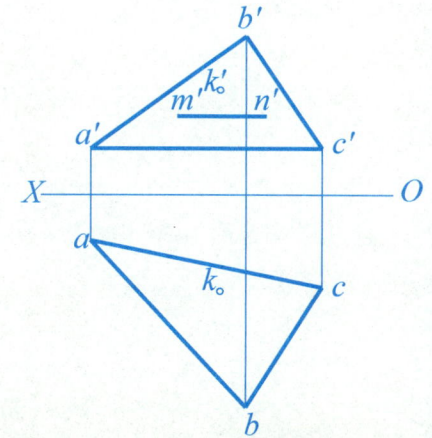

4.完成平面五边形ABCDE的H面投影。

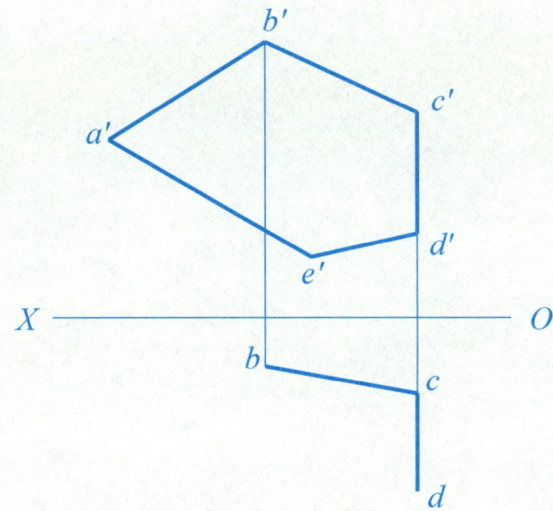

5.完成矩形ABCD的两面投影。

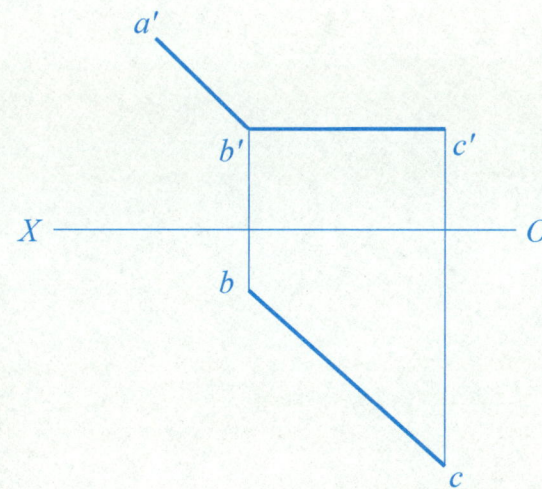

6.作出平面ABCD内对H面的最大斜度线的两面投影。

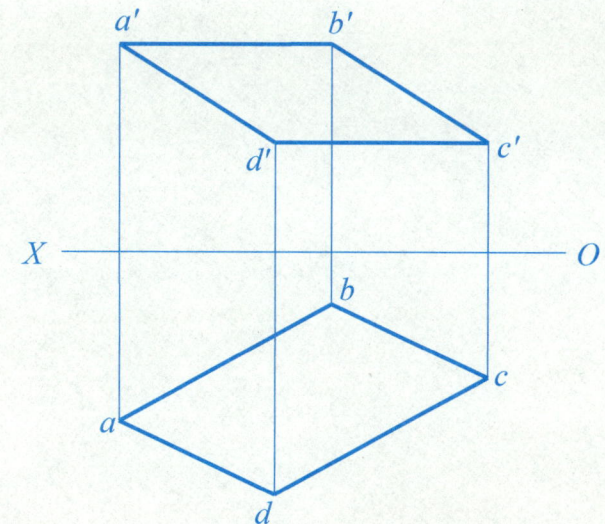

1.4　完成基本体的投影，并作出立体表面上点和直线的三面投影	班级	姓名	学号

(1)

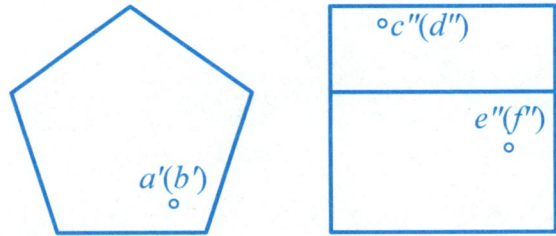

(2)

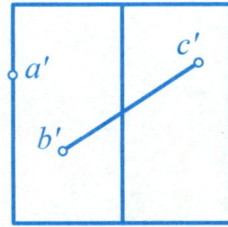

(3)

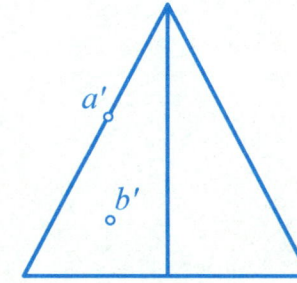

(4)

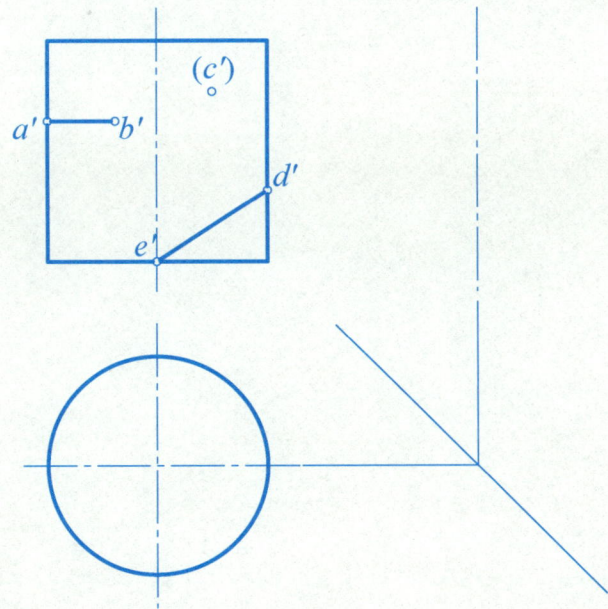

(5)

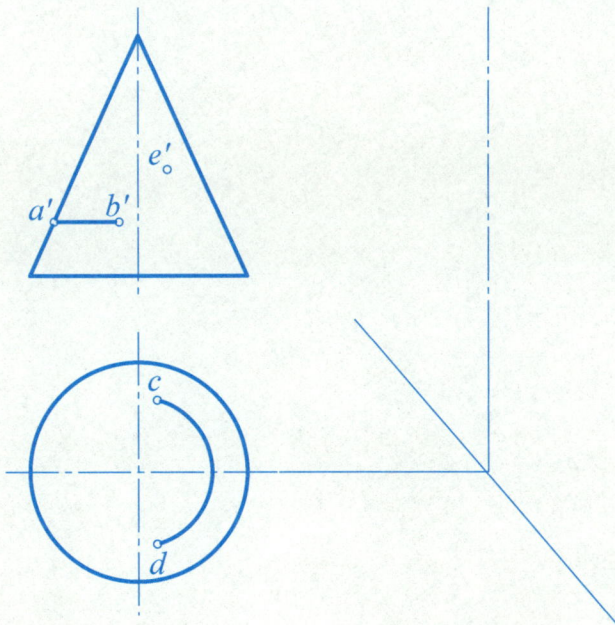

(6)

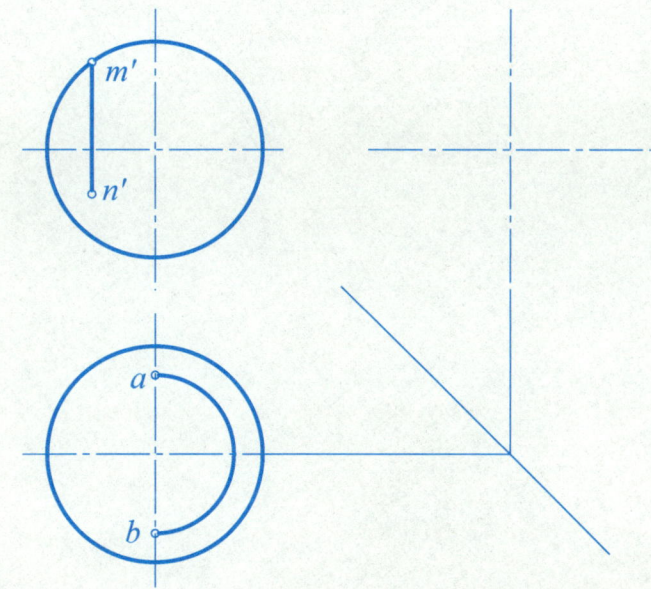

1.根据立体图画出三视图（尺寸由图中量取）。

（1）

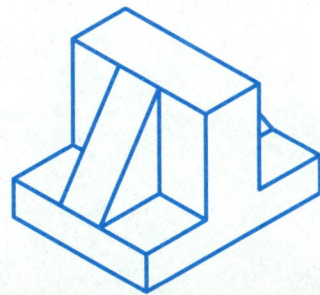

（2）

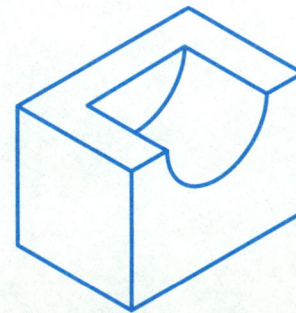

（3）

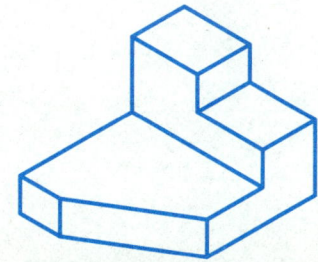

2.已知简单体的两视图，求作第三视图。

（1）

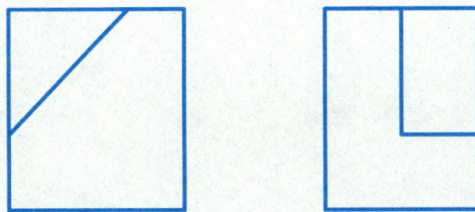

（2）

（3）

第2章 轴 测 图

2.1　作形体的正等测	班级	姓名	学号

（1）

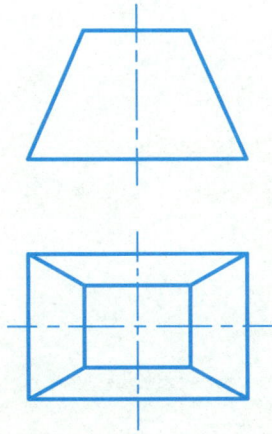

（2）

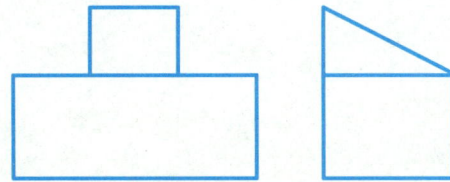

（3）

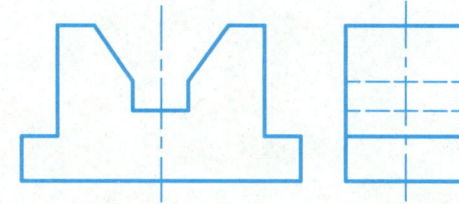

（4）

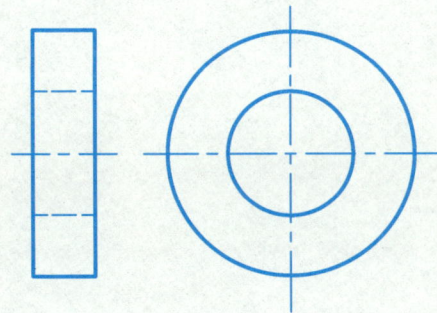

（5）

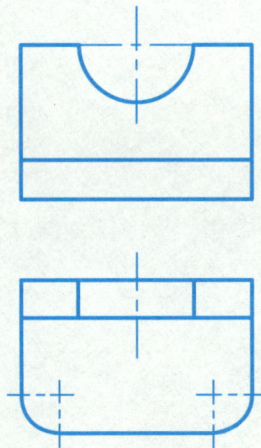

（6）作仰视正等测。

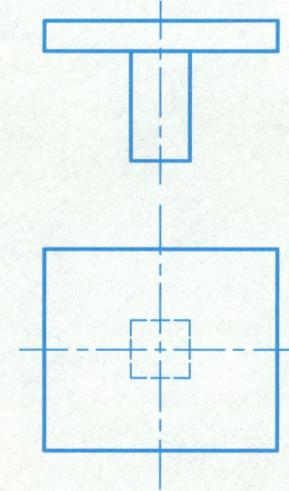

1.作形体的正面斜二测。

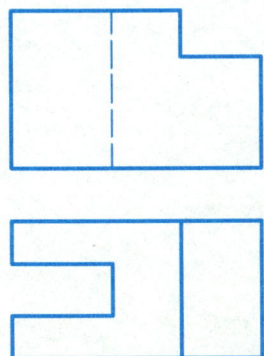

2.作形体的正面斜二测。

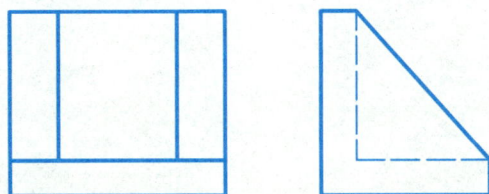

5.作出建筑群的水平斜二测。

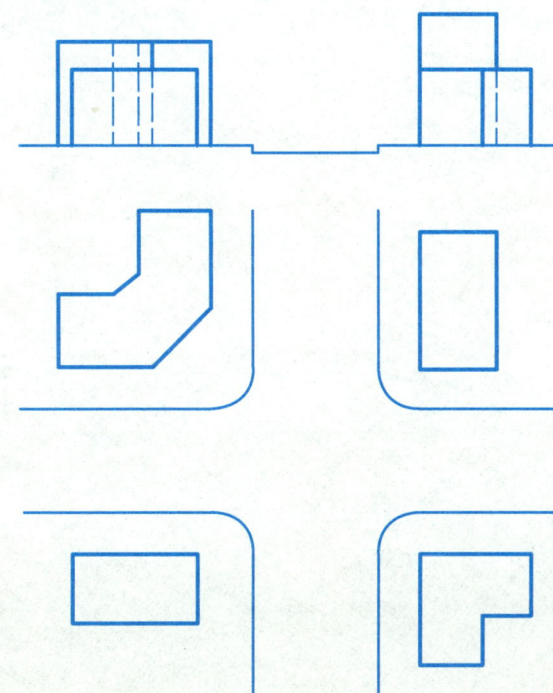

3.作出形体的正面斜二测。

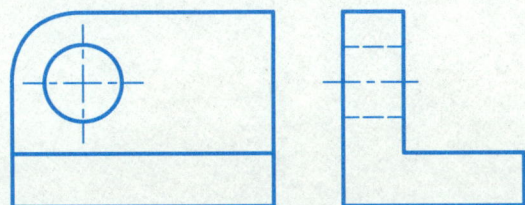

4.作出形体的正面斜二测。

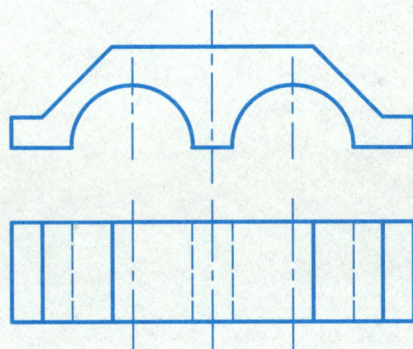

班级		姓名		学号	

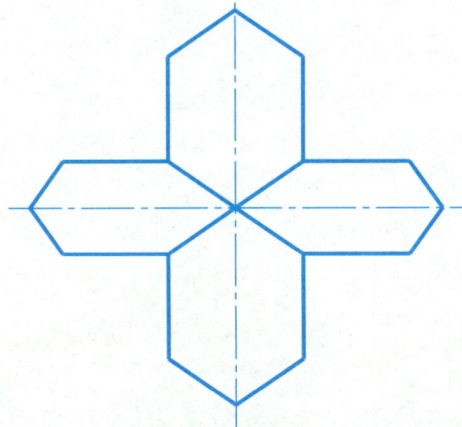

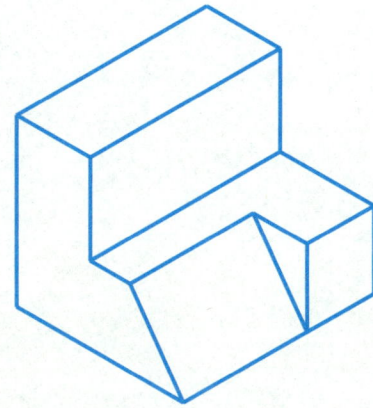

第 3 章 立 体 的 表 面 交 线

3.1 平面体的截交线

| 班级 | 姓名 | 学号 |

1.完成三棱柱被截切后的水平投影。

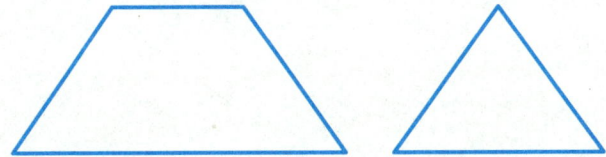

2.完成四棱柱被截切后的侧面投影。

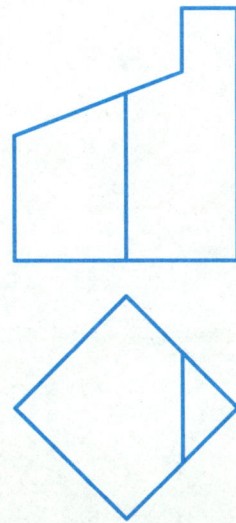

3.补全有缺口的三棱柱的正面投影和水平投影。

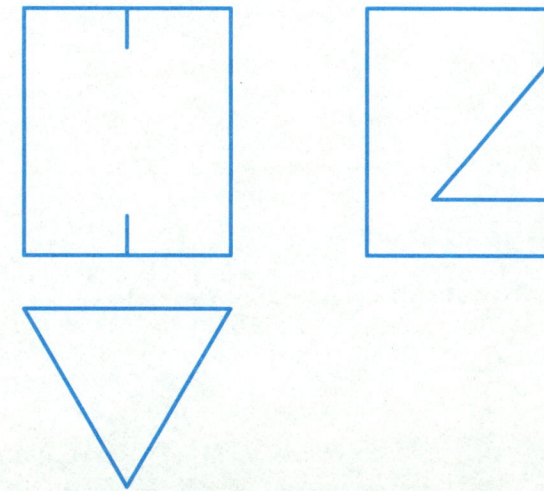

4.完成四棱柱被截切后的正面投影。

5.完成有缺口的四棱锥的水平投影和侧面投影。

6.完成顶部切槽的四棱台的水平投影。

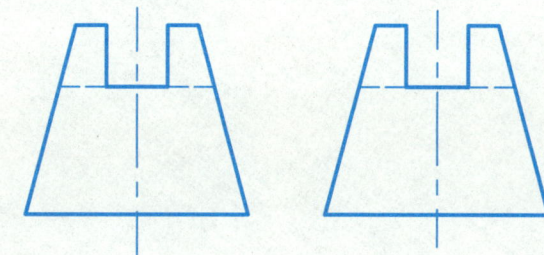

1.完成圆柱被截切后的侧面投影。

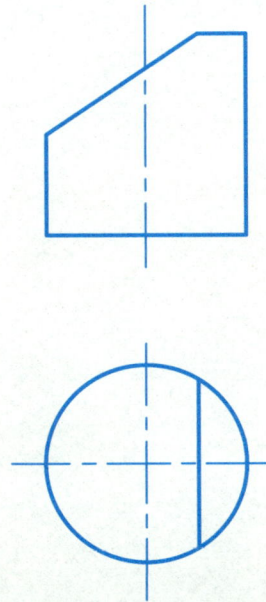

2.补全顶部切槽圆柱的水平投影，并作出其侧面投影。

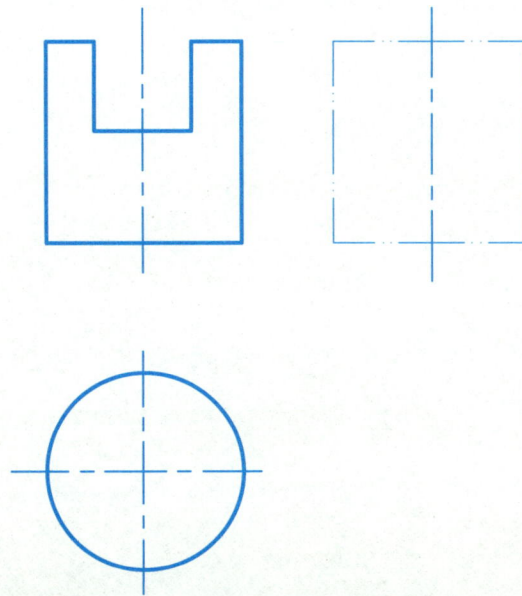

3.完成圆锥被截切后的水平投影和侧面投影。

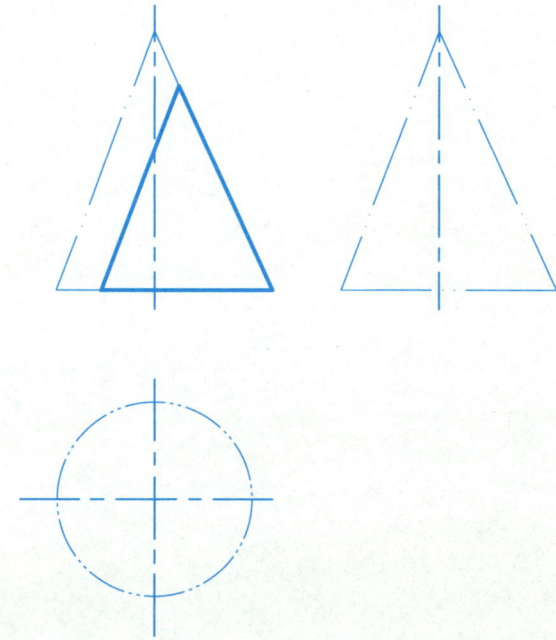

4.完成圆锥被截切后的水平投影和侧面投影。

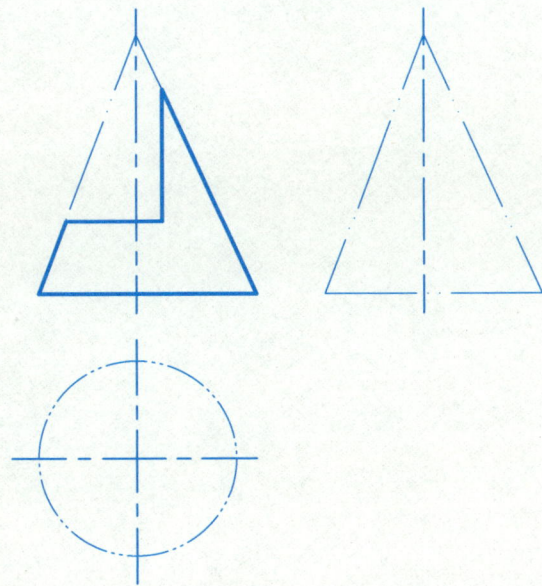

5.完成半球被截切后的正面投影和侧面投影。

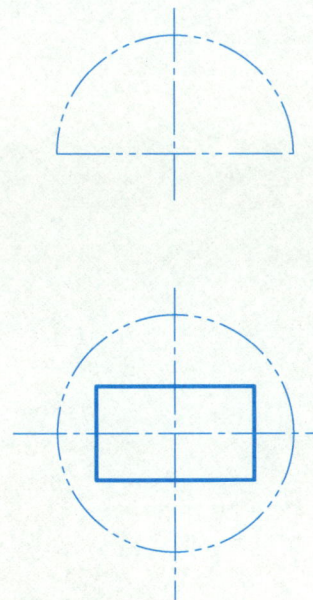

6.补全开槽圆球的水平投影，并作出其侧面投影。

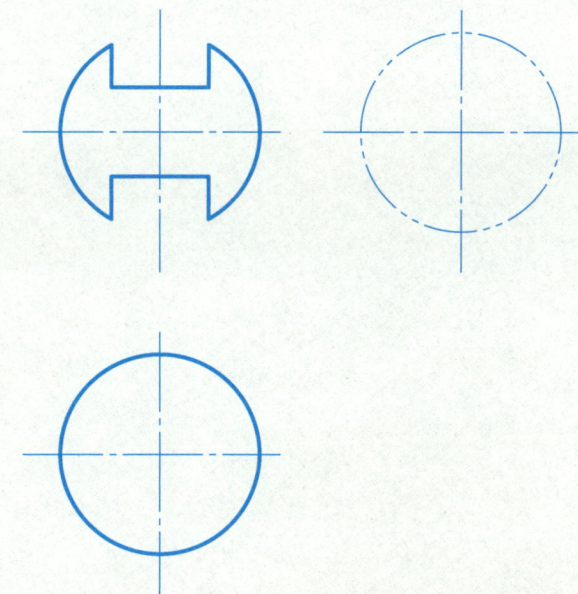

1.求作两平面体的相贯线。

（1）两五棱柱相贯，补全其水平投影。

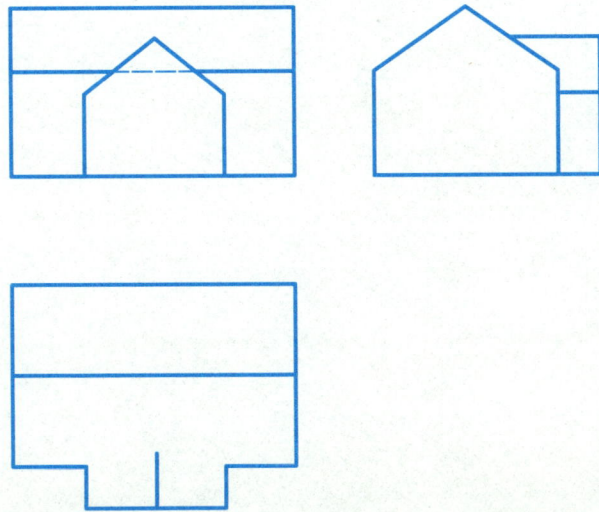

（2）补全具有三棱柱通孔的三棱锥的水平投影，并作出其侧面投影。

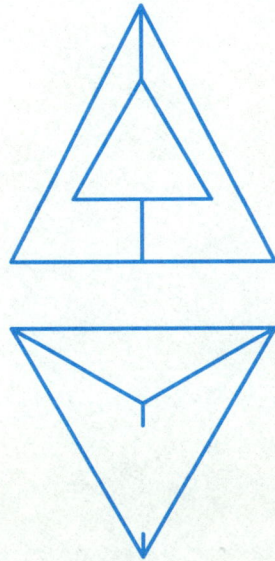

（3）六棱柱与四棱锥相贯，补全其正面投影和侧面投影。

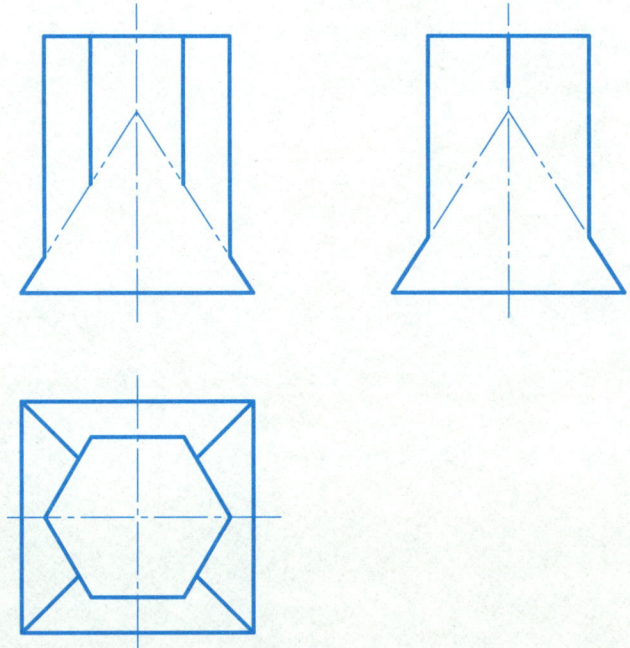

2.求作平面体与曲面体的相贯线。

（1）四棱柱与圆锥相贯，完成其正面投影和侧面投影。

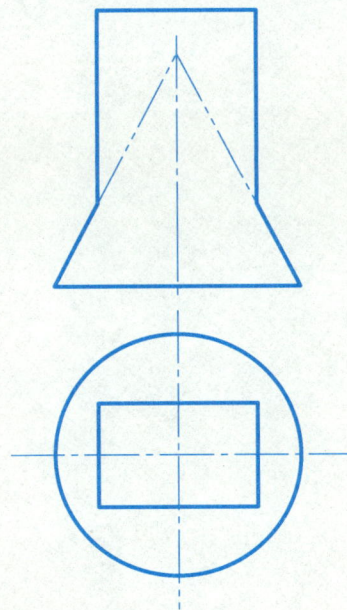

（2）五棱柱与组合柱相贯，作出其水平投影。

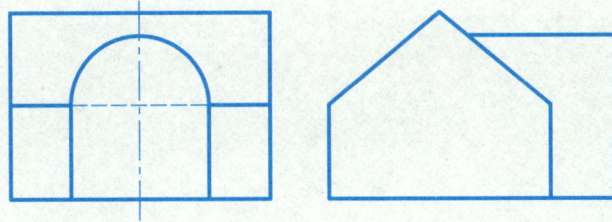

（3）作出带有方孔的半球的正面投影和侧面投影。

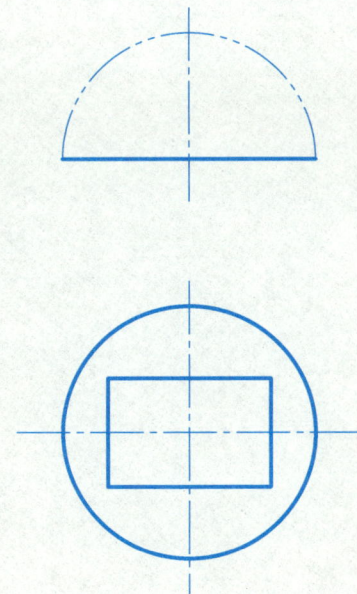

1.求作两曲面体的相贯线。

（1）

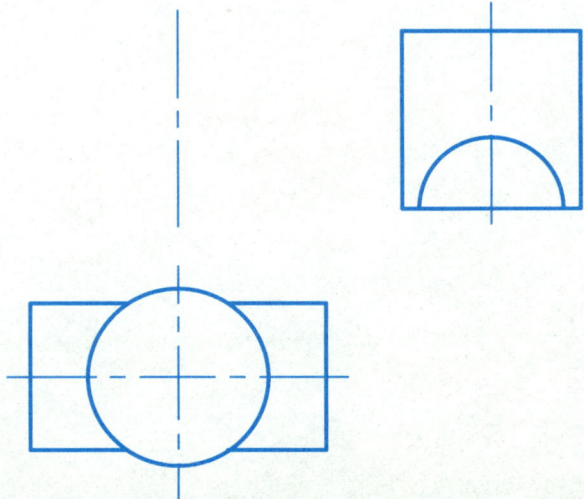

（2）

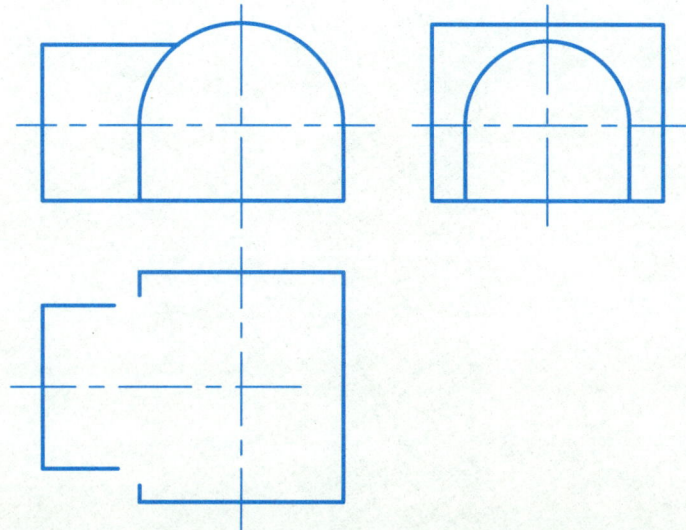

（3）

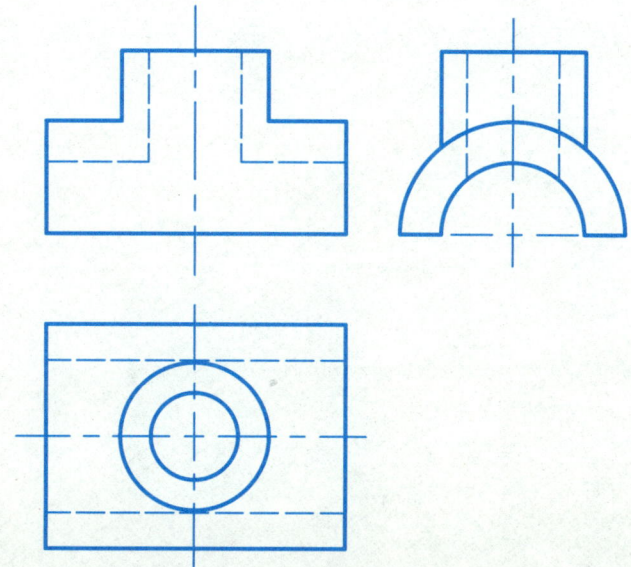

（4）

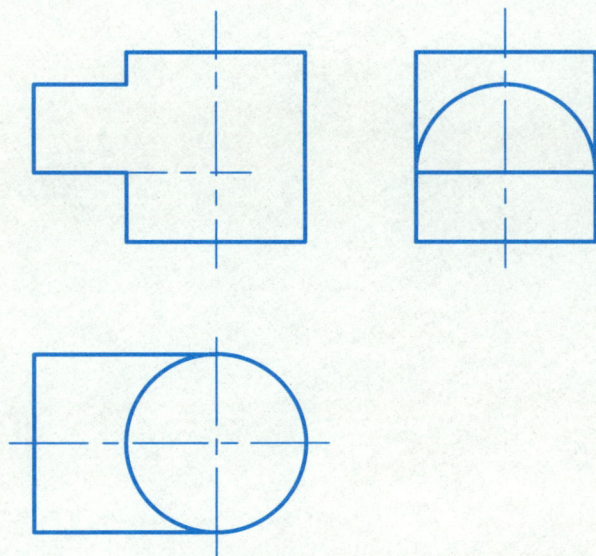

2.根据已知两面投影，选择正确的侧面投影。

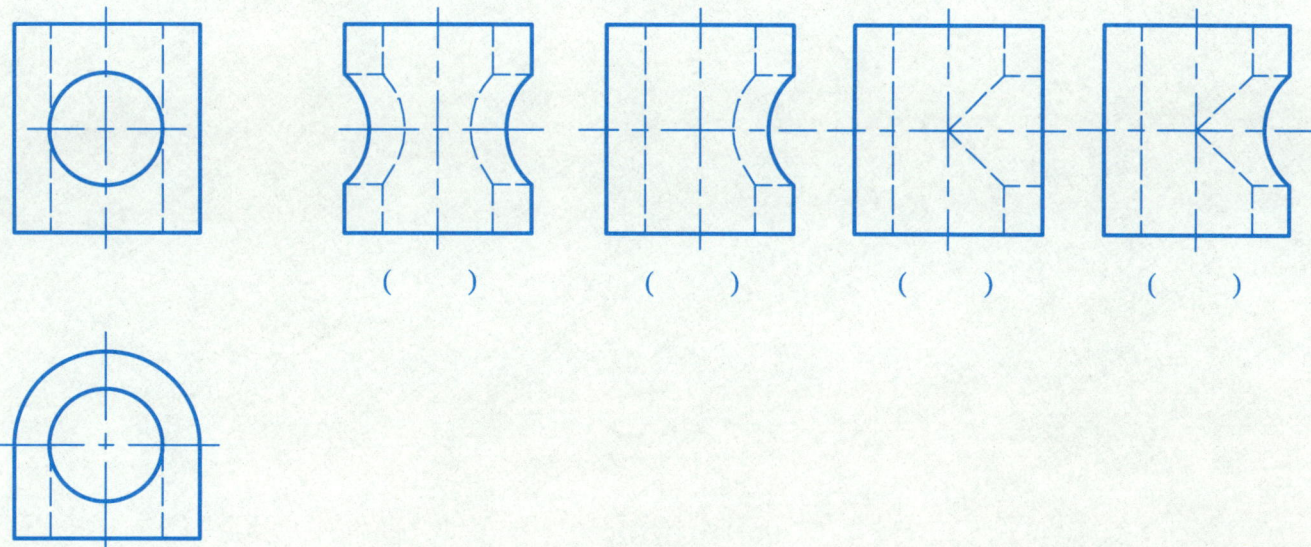

（　）　　　　（　）　　　　（　）　　　　（　）

第 4 章 组 合 体

4.1 根据立体图画三视图（尺寸由图中量取）

| 班级 | 姓名 | 学号 |

（1）

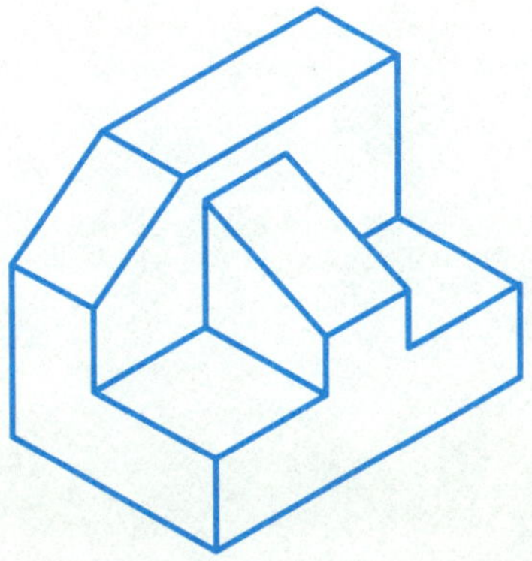

（2）

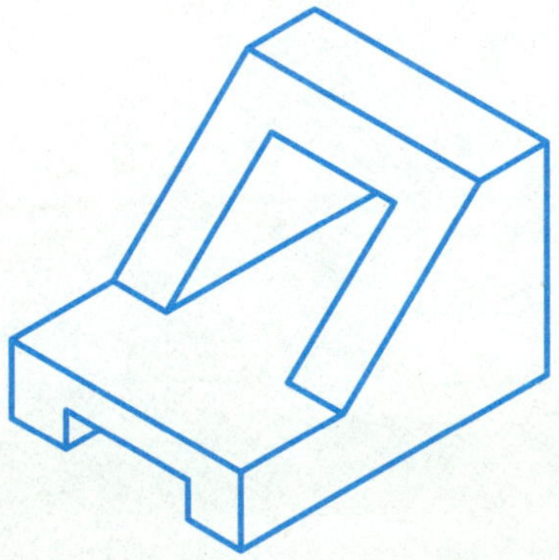

（3）

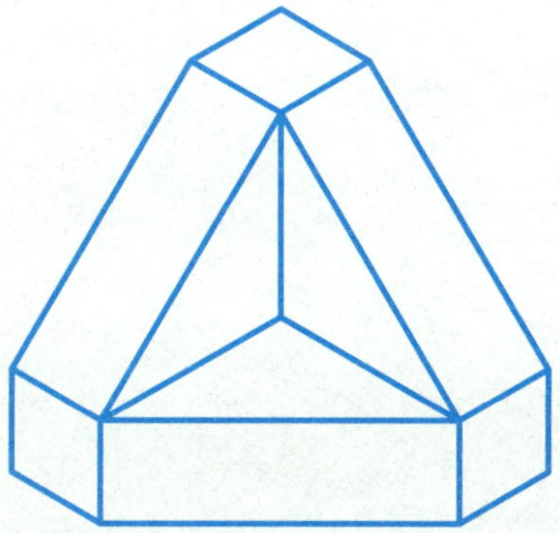

（4）

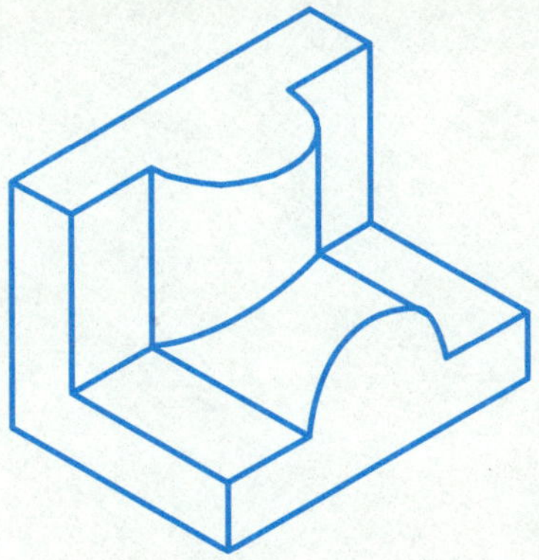

（5）

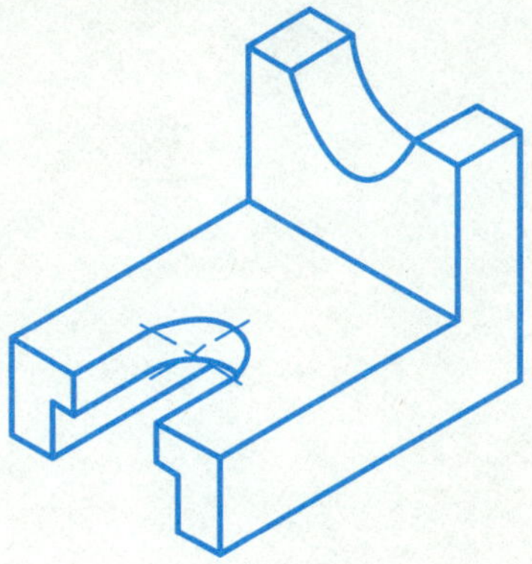

（6）

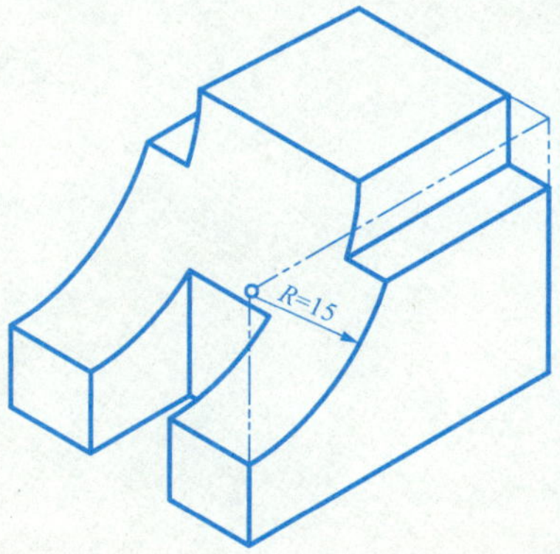

R=15

1.根据对组合体的形体分析，先标注基本形体尺寸，后标注组合体尺寸。

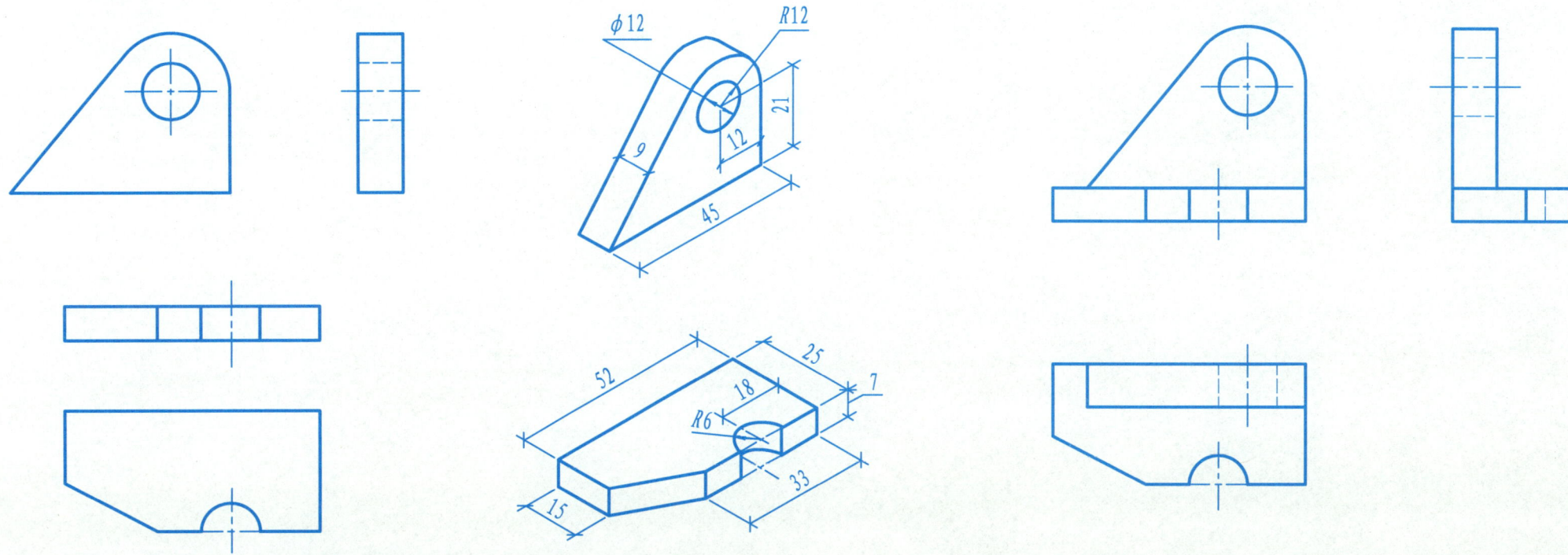

2.标注组合体尺寸，尺寸按1：1从图中量取。

（1）

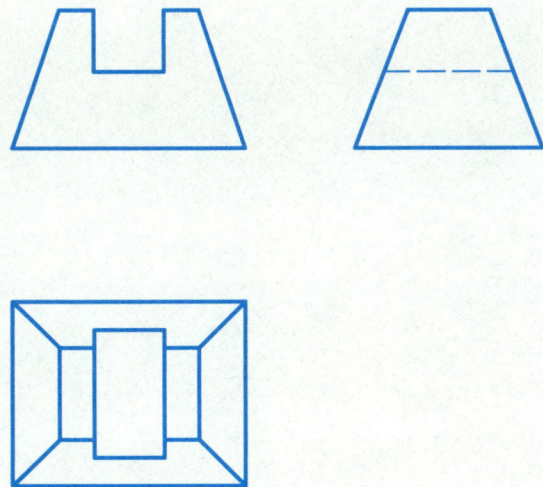

（2）

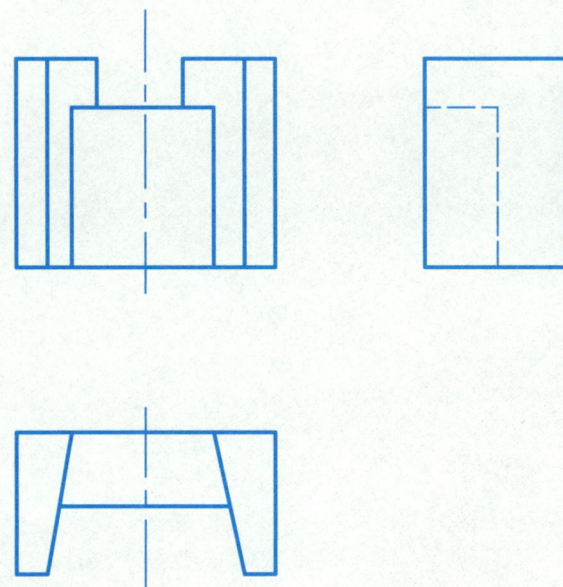

（3）

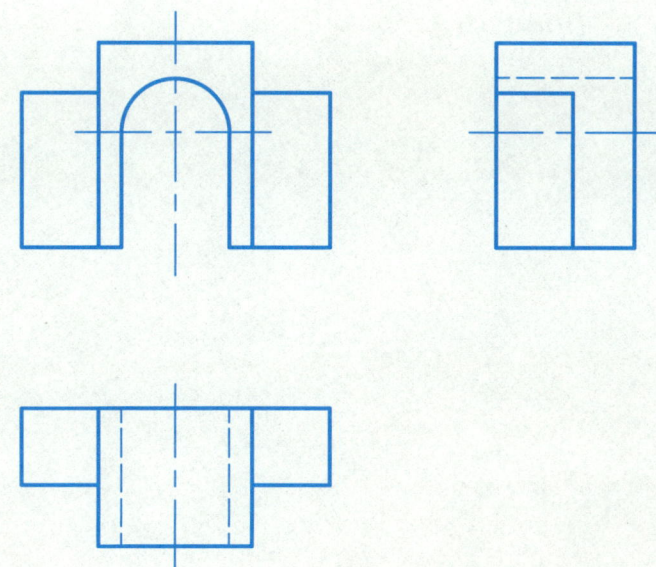

1.

2.

3.

4.

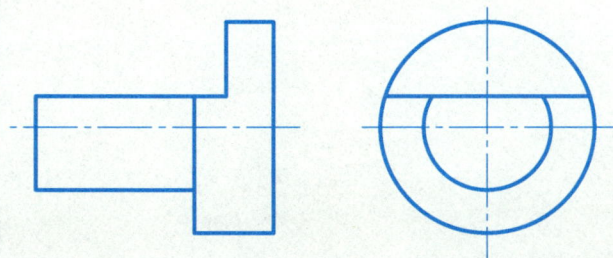

5.

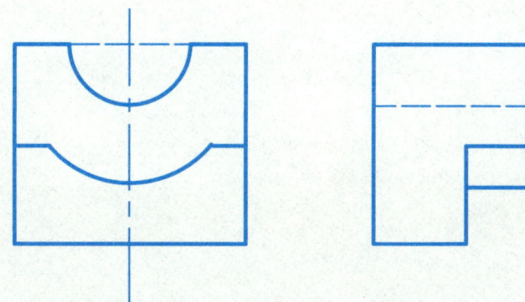

6.

1.

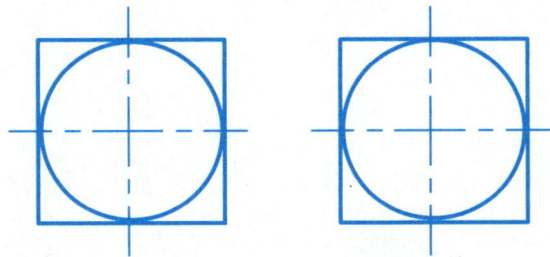

2.

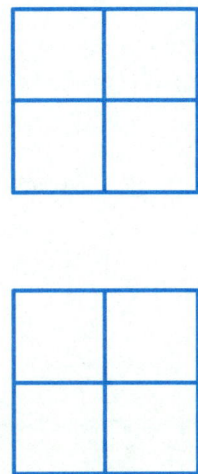

3.

4.

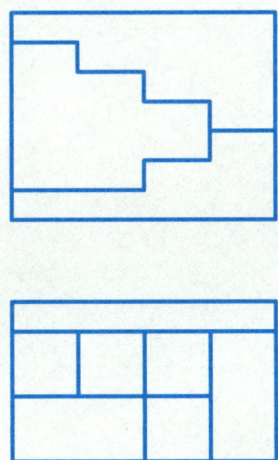

5.

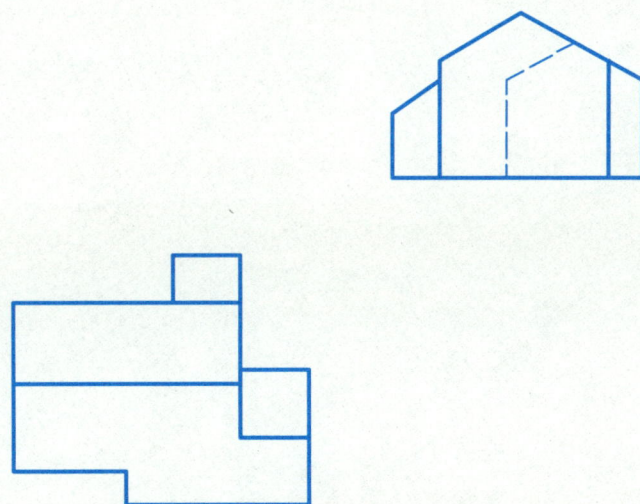

6.

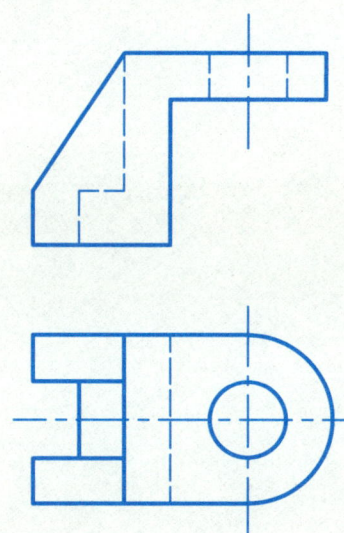

1. 补全组合体三视图中所缺的图线。

（1）

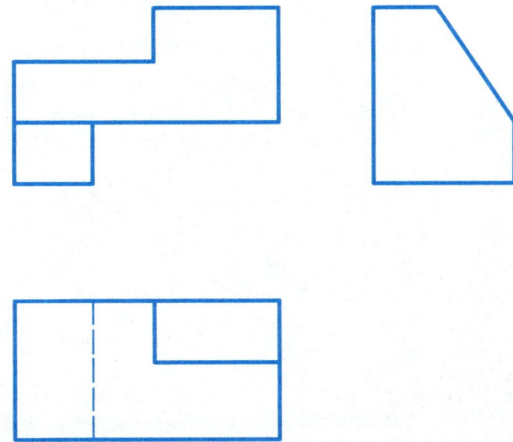

（2）

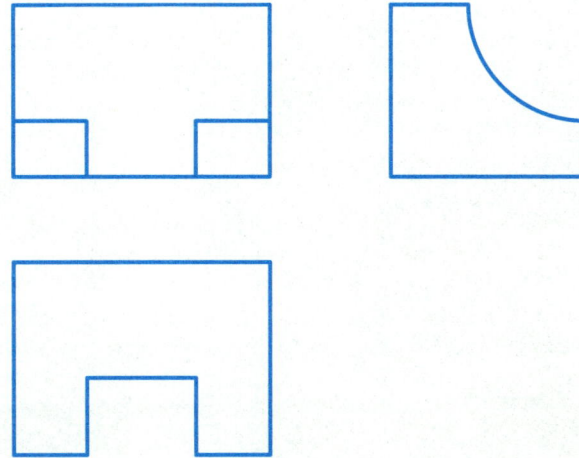

（3）

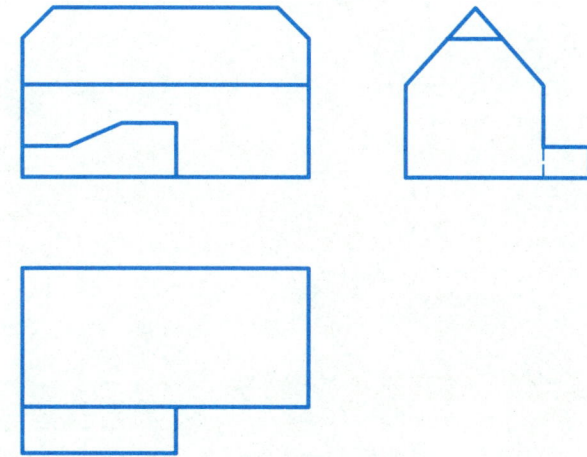

2. 根据所给的两视图，想象出组合体的形状，选择正确的第三视图。

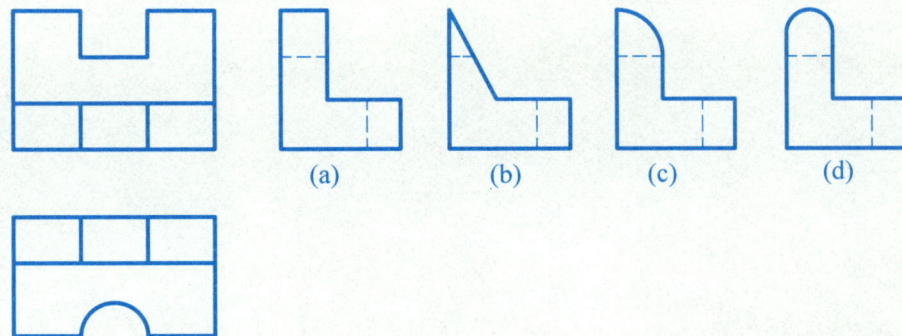

（a）　　　（b）　　　（c）　　　（d）

正确的侧面投影是：＿＿＿＿＿＿＿

3. 根据所给视图，构思两个不同的组合体，并画出第三视图。

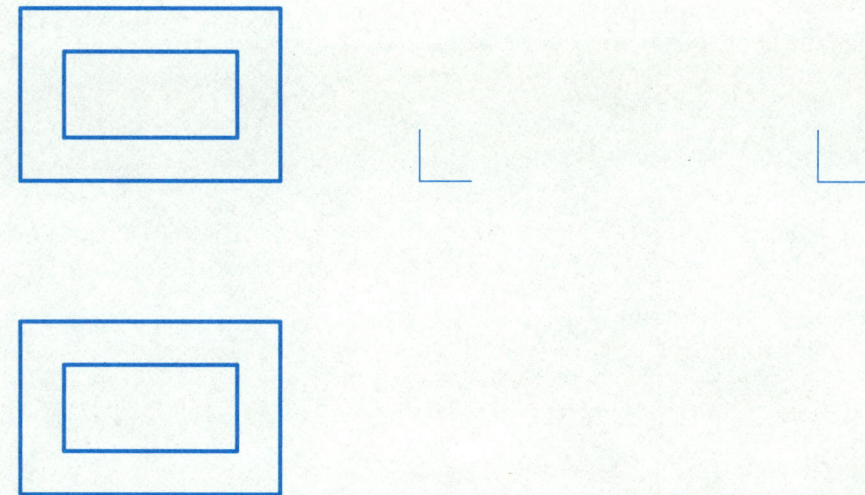

班级		姓名		学号	

根据所给的视图,想象出四个不同形状的组合体,完成它们的视图并徒手画出其轴测图。

(1)

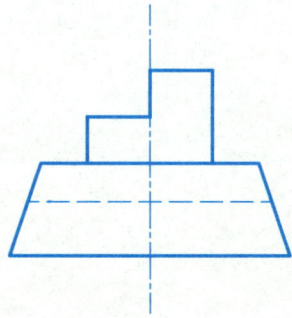

(2)

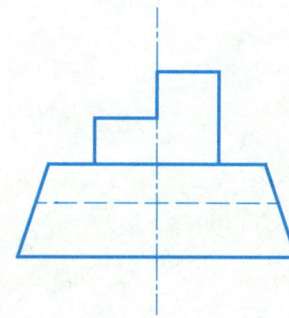

(3)

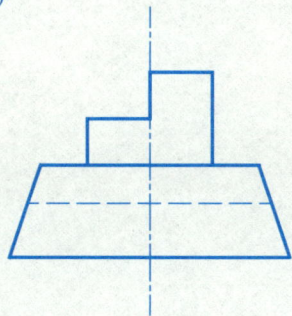

(4)

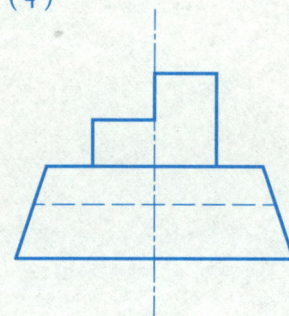

第5章 工程物体的表达方法

5.1 视图	班级	姓名	学号

1.画出物体的正立面图、平面图、左侧立面图、右侧立面图、背立面图（尺寸从轴测图中量取）。

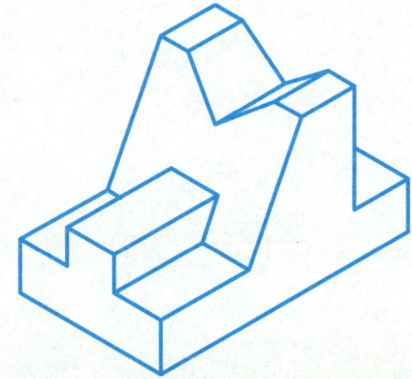

2.画出台阶的展开视图。

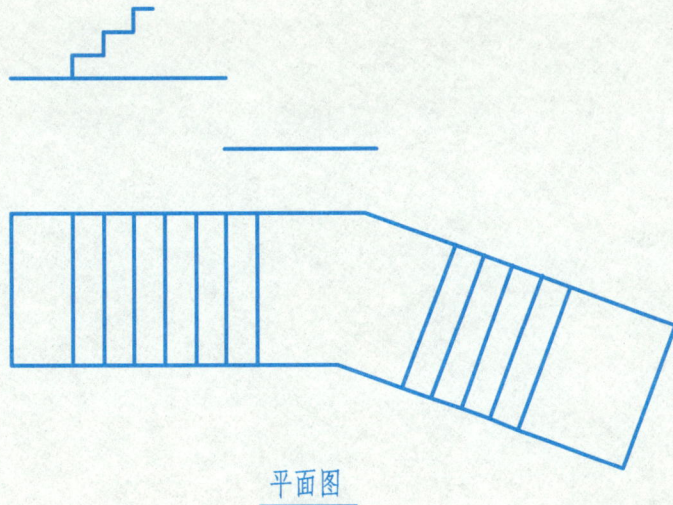

平面图

3.画出A向局部视图。

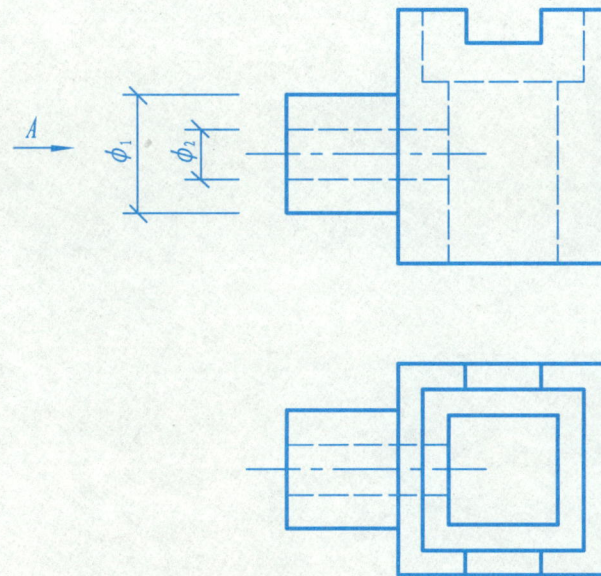

A

ϕ_1 ϕ_2

5.2 单一全剖面图

1. 作出物体的1-1、2-2剖面图。

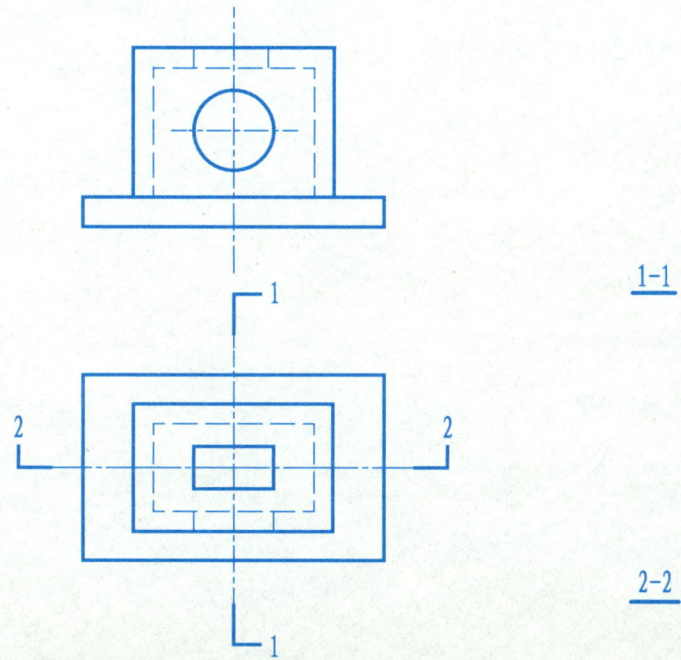

1-1

2

2

2-2

2. 作出物体的2-2剖面图。

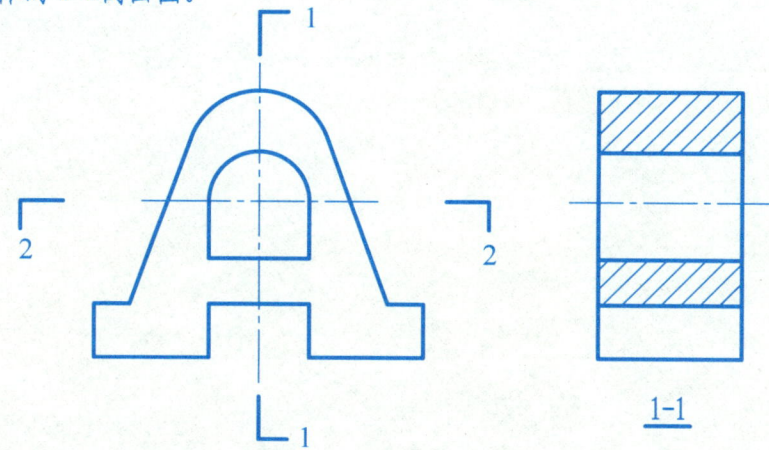

1

2

2

1

1-1

3. 作出物体的1-1、2-2、3-3剖面图。

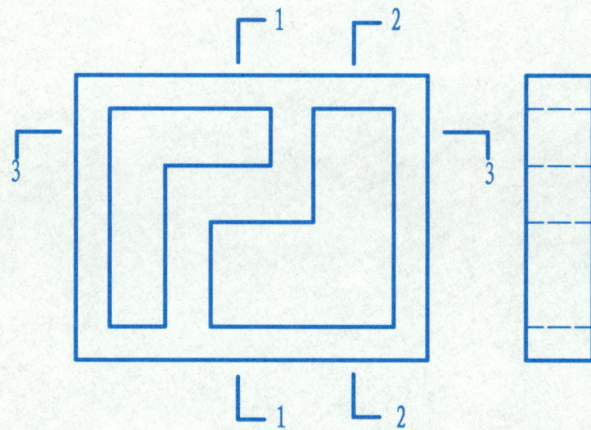

1

2

3

3

1

2

4. 把空箱岸墙的正立面图改为1-1剖面图，并作出2-2剖面图（材料：钢筋混凝土）。

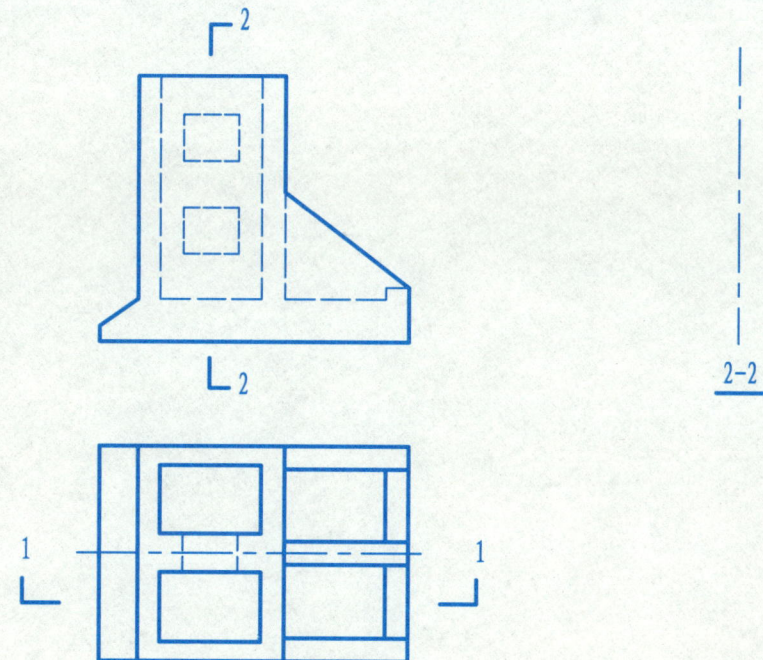

2

2

1

1

2-2

1. 在适当的位置单独画出物体的1-1剖面图（材料：混凝土）。

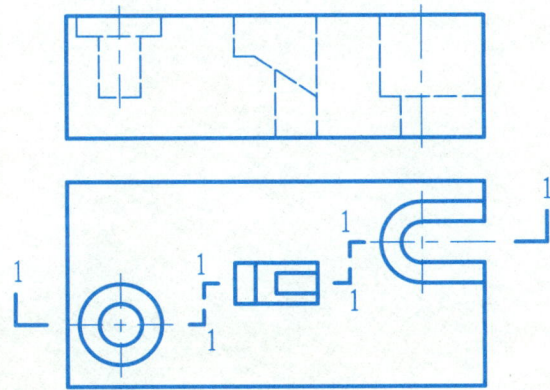

2. 作出房屋模型的2-2、3-3剖面图。

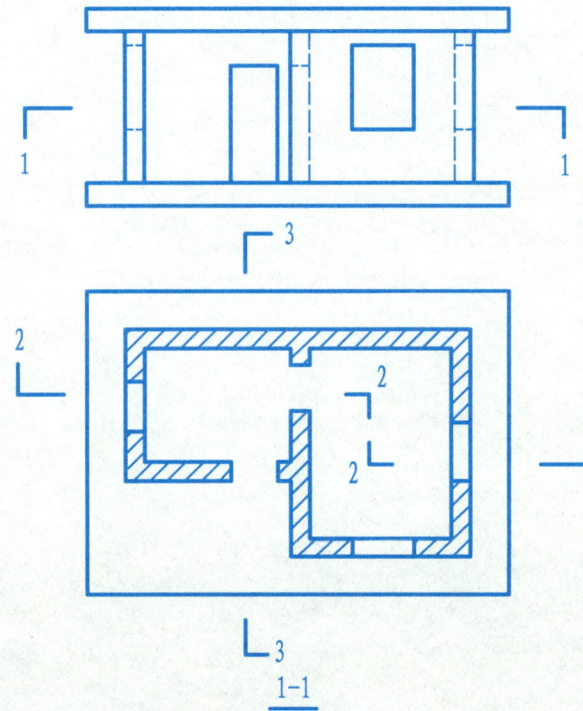

1-1

3. 作出构筑物的1-1剖面图。

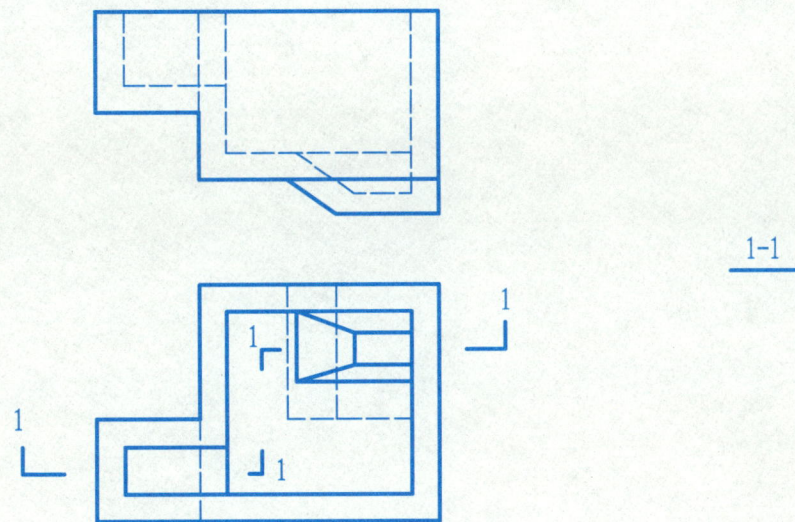

1-1

4. 补全1-1剖面图中遗漏的图线。

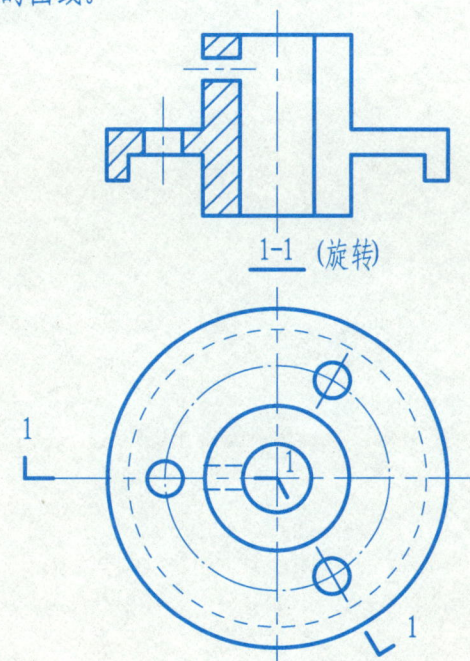

1-1 （旋转）

1.作出1-1半剖面图。

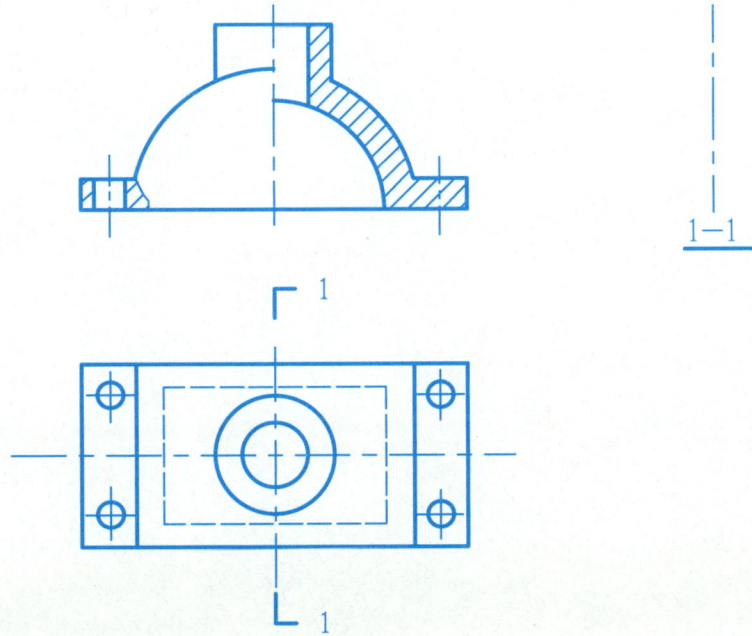

1-1

2.将正立面图改画成半剖面图，并补绘1-1全剖面图。（材料：混凝土）

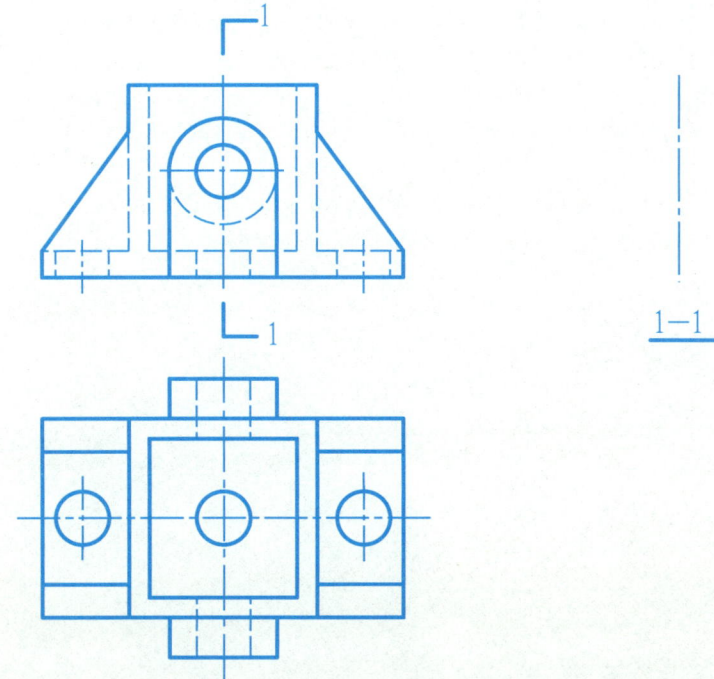

1

1-1

3.作出钢柱座的1-1半剖面图。

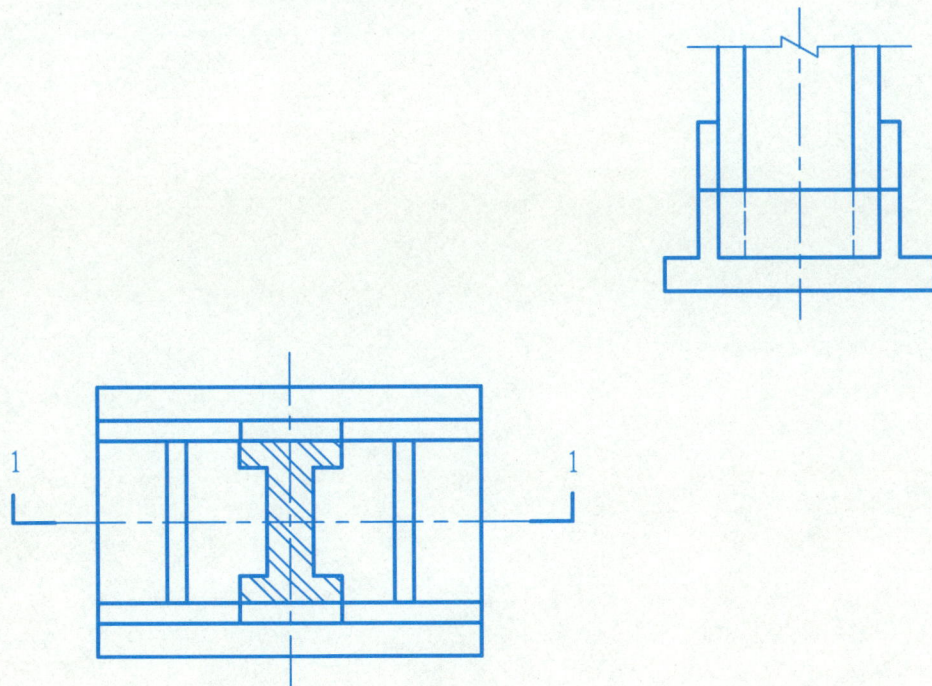

1　　　　　　　　1

4.分析剖面图中的错误，在右边画出正确的局部剖面图。

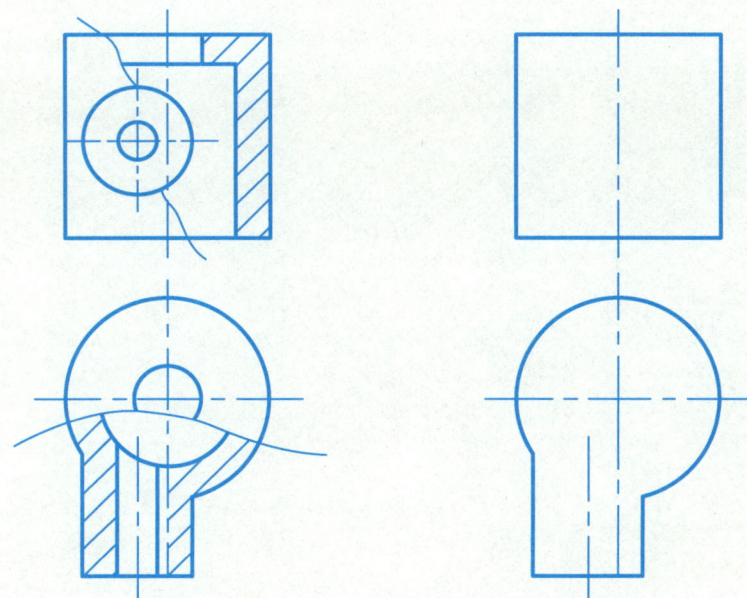

1. 作梁的1-1、2-2断面。(材料: 钢筋混凝土)

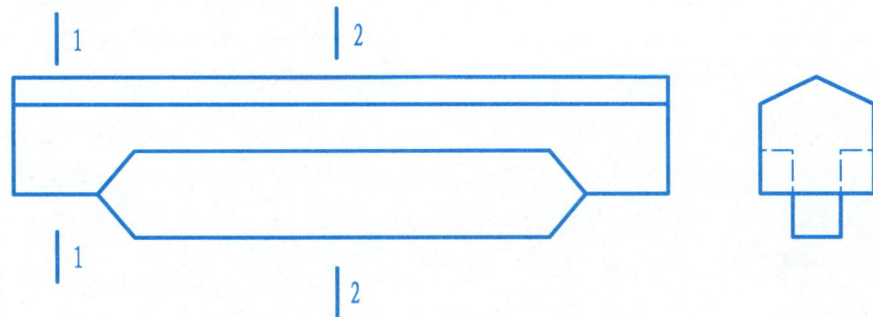

2. 在指定位置画出止水木的2-2断面。

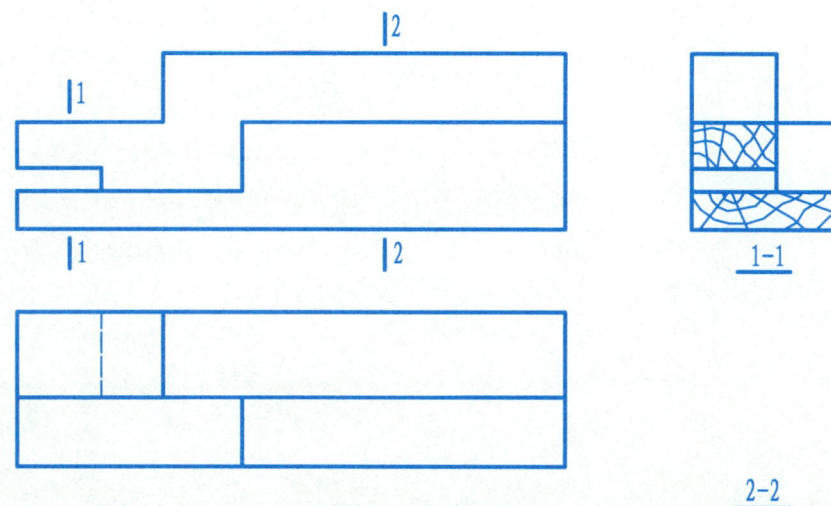

3. 作出柱子的1-1、2-2、3-3断面（材料: 钢筋混凝土）。

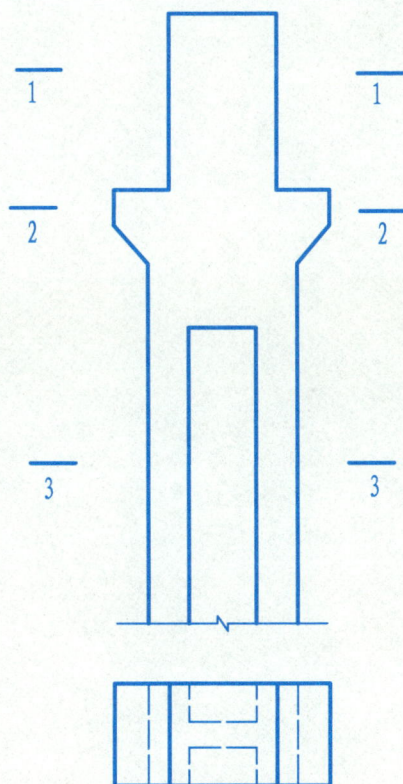

4. 作出梁的1-1断面（材料: 钢筋混凝土）。

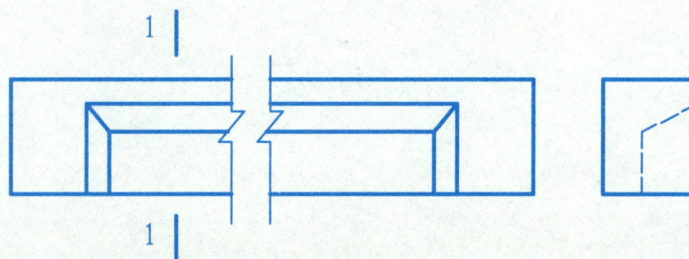

5. 作梁的1-1、2-2断面。(材料: 钢筋混凝土)

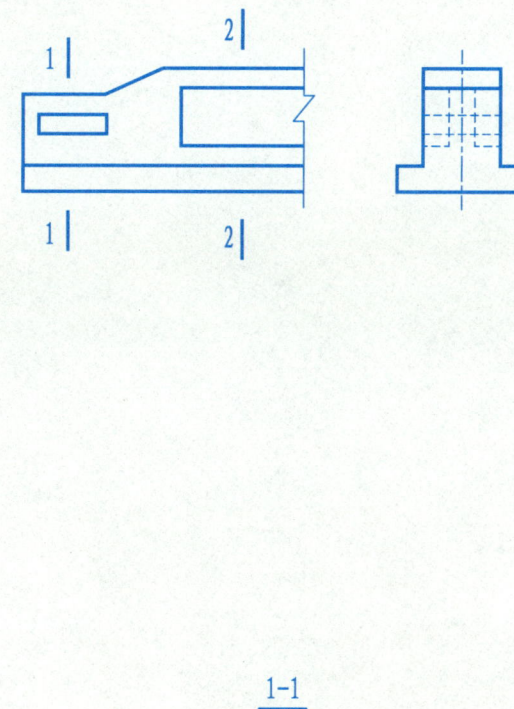

第6章 标高投影

6.1 点、直线、平面的标高投影

| 班级 | | 姓名 | | 学号 |

1. 已知直线AB的标高投影，求该直线的坡度、平距，并求作直线上高程为6、7、8、9m的整数标高点。

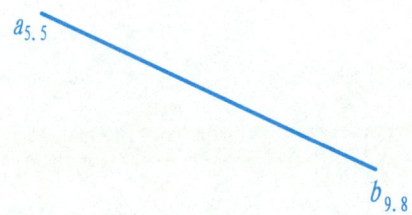

$a_{5.5}$

$b_{9.8}$

0 1 2 3 4 m

2. 已知平面△ABC顶点的高程，试画出该平面上高程为5、6、7m的等高线。

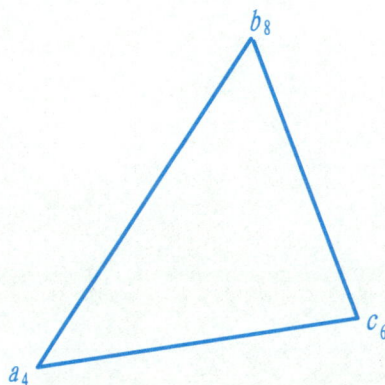

b_8

a_4

c_6

0 1 2m

3. 求两平面的交线。

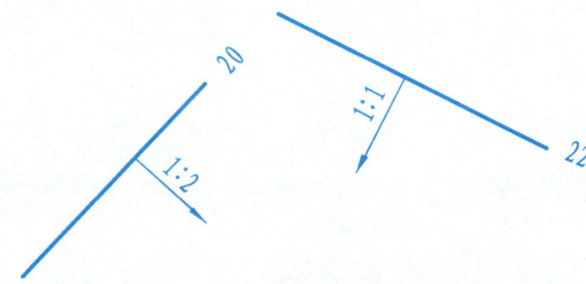

20

1:1

1:2

22

0 1 2m

4. 在高程为0m的地面上修筑一高程为3m的平台，各坡面坡度如图所示，求作坡脚线和坡面交线（比例1：200）。

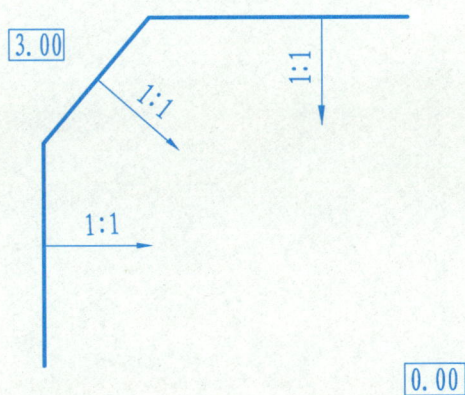

3.00

1:1

1:1

1:1

0.00

5. 在高程为0m的地面上开挖一高程为-3m的基坑，各坡面坡度均为1：0.5，求作开挖线和坡面交线（比例1：200）。

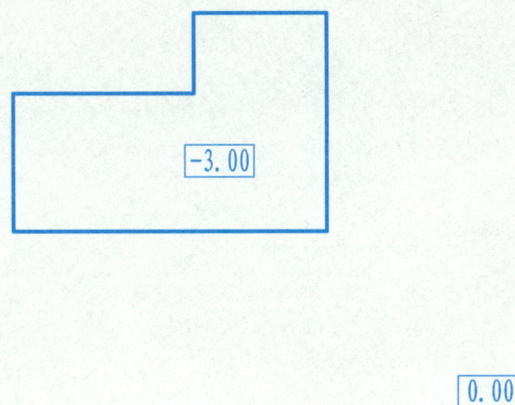

-3.00

0.00

6. 在高程为0m的地面上开挖一斜坡道，通向高程为-2m的基坑，各坡面的坡度如图所示，求作开挖线和坡面交线。

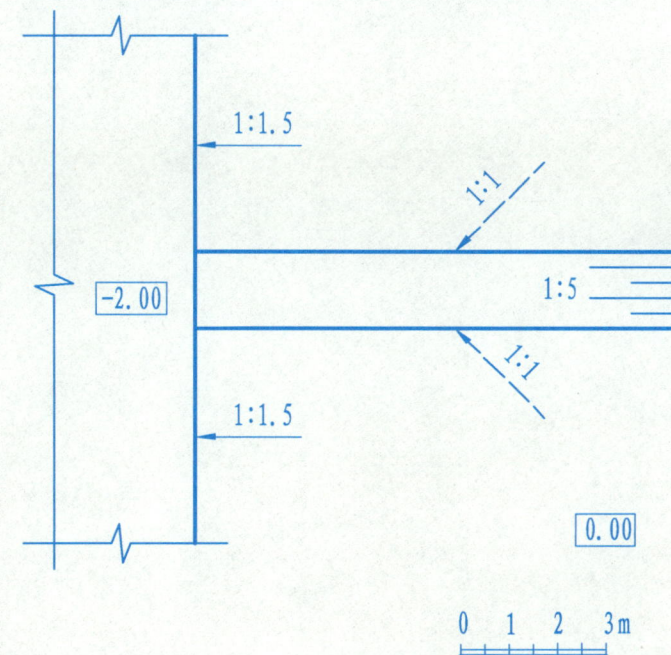

1:1.5

1:1

1:5

-2.00

1:1

1:1.5

0.00

0 1 2 3m

1.在高程为3m的地面上开挖一高程为0m的基坑，挖方边坡如图所示，完成其标高投影（比例1：200）。

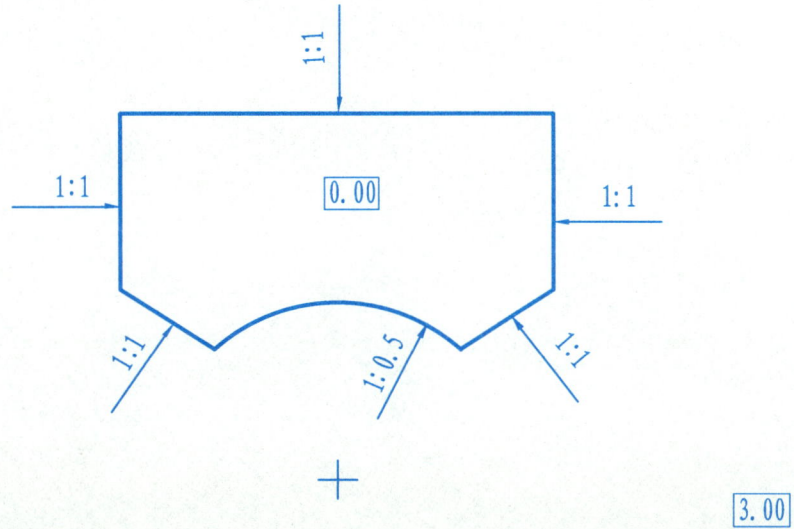

1:1

1:1　　　0.00　　　1:1

1:1　　1:0.5　　1:1

3.00

2.在高程为4m的地面上开挖一高程为1m的基坑，挖方边坡为1:1，在左边从地面入坑设一斜坡道，斜坡道上等高线及两侧边坡坡度如图所示，完成其标高投影。

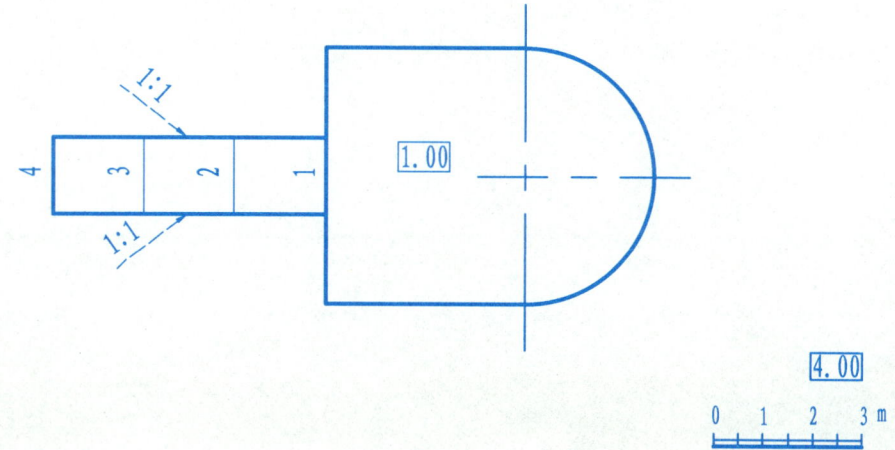

1:1

4　3　2　1　　1.00

1:1

4.00

0　1　2　3 m

3.在高程为0m的地面上筑大小两堤，堤顶高程及两侧边坡如图所示，完成其标高投影（比例1：200）。

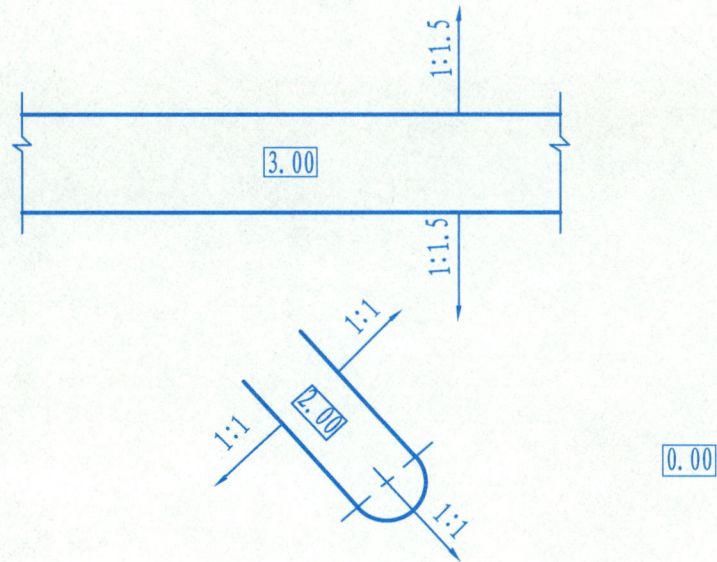

1:1.5

3.00

1:1.5

1:1

2.00

1:1

0.00

4.各平面标高和边坡的坡度如图所示，完成其标高投影。

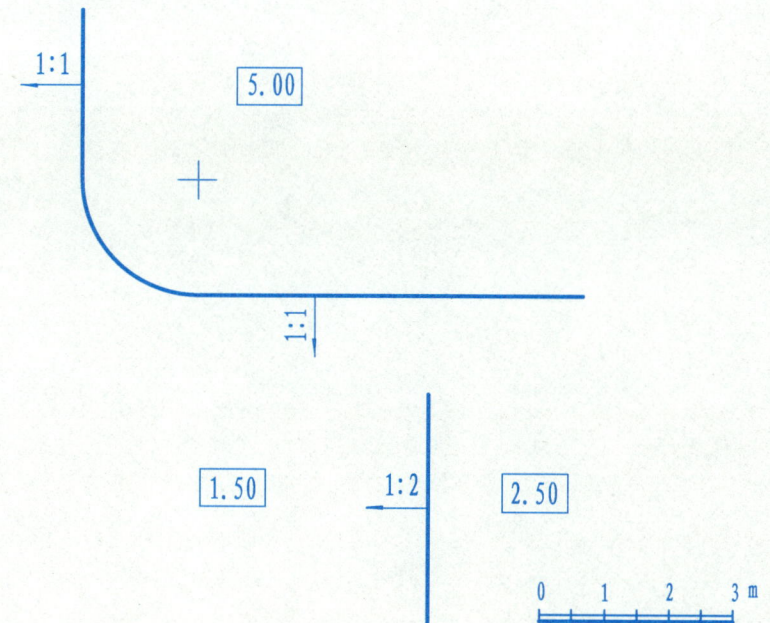

1:1　　　5.00

1:1

1.50　　1:2　　2.50

0　1　2　3 m

班级   姓名   学号

1. 在地面上修一水平广场，其高程为65m，已知填方边坡为1:1.5，挖方边坡为1:1，完成其标高投影图（比例1：200）。

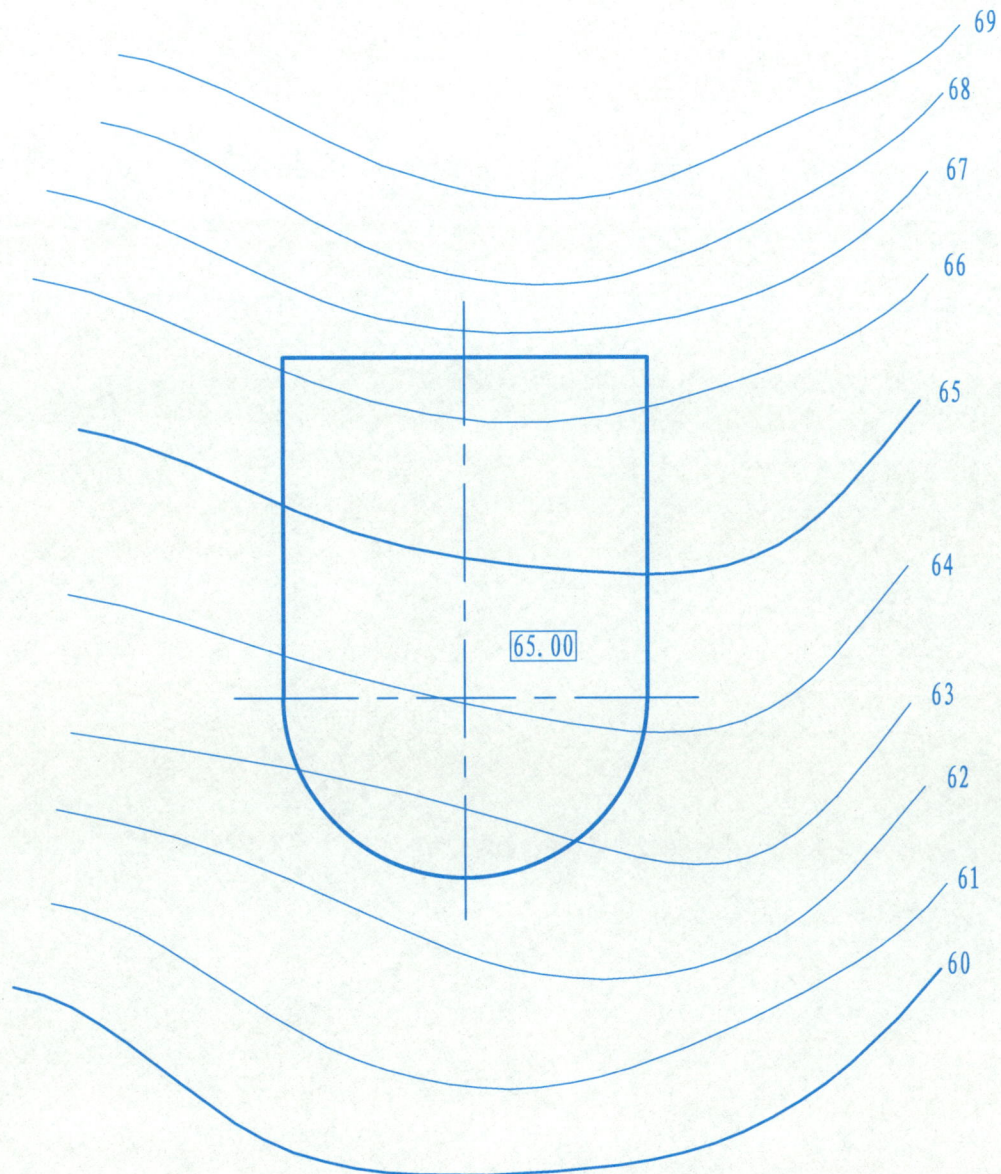

69
68
67
66
65
64
63
62
61
60

65.00

2. 已知土坝的标准断面图和地形面上坝轴线的位置，求作土坝的平面图。

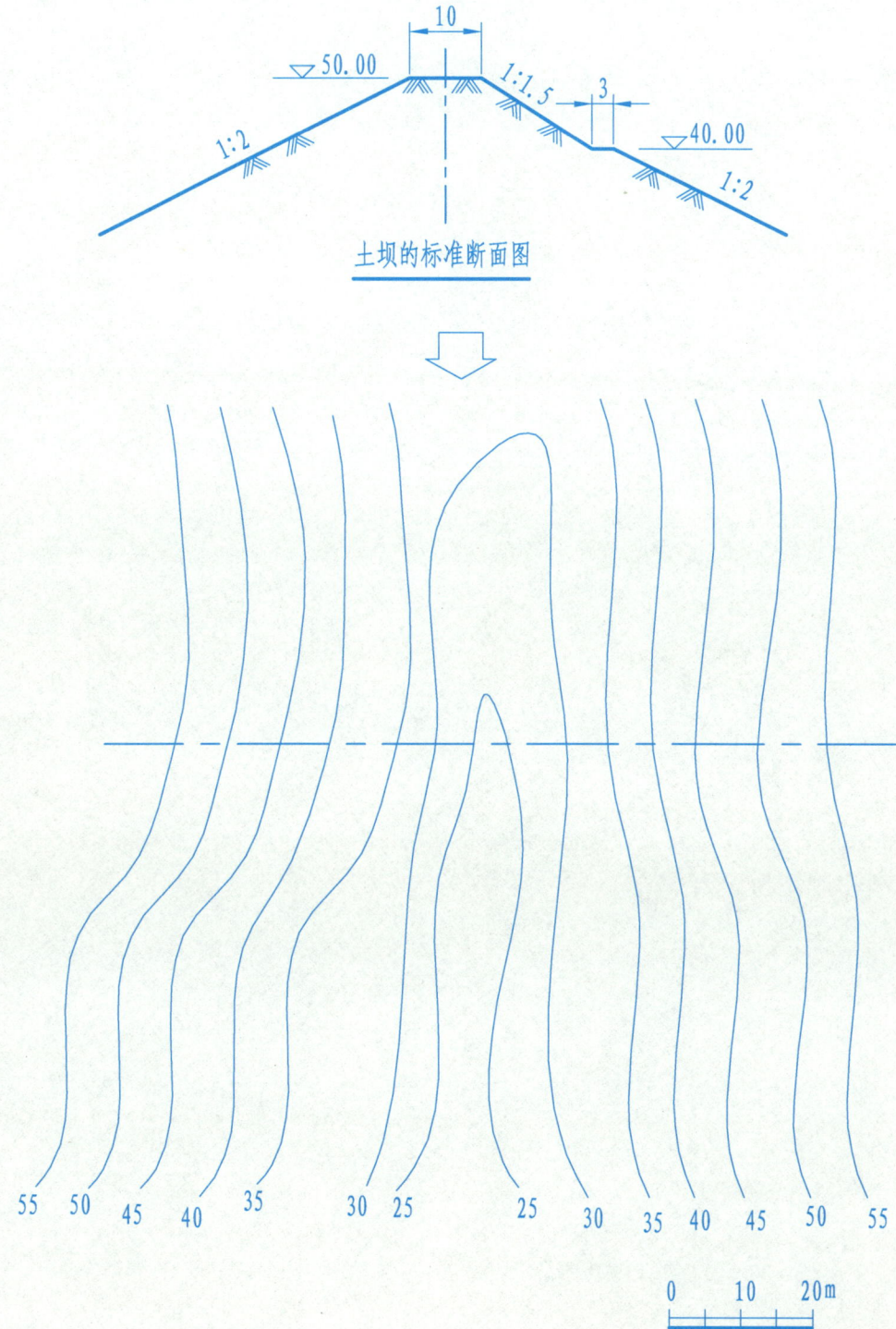

10

▽ 50.00

1:1.5

3

▽ 40.00

1:2

1:2

土坝的标准断面图

55   50   45   40   35   30   25   25   30   35   40   45   50   55

0   10   20m

1.在地形面上修筑水平道路，路面高程为46m，填方坡度为1:1.5，挖方坡度为1:1，求作填挖方的地面交线和指定位置的路基横断面图（比例1:500）。

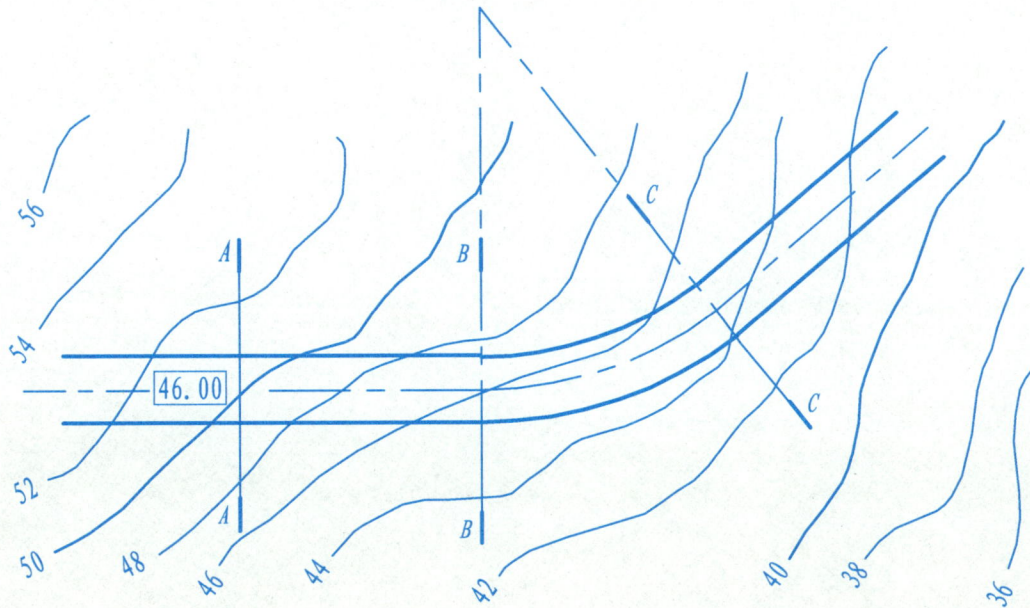

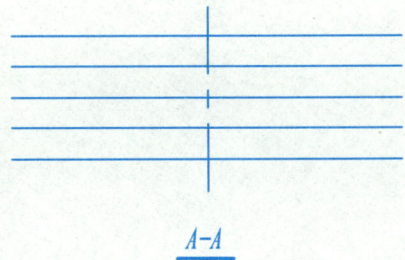

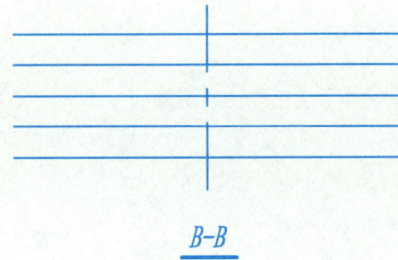

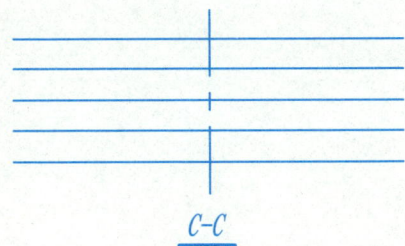

2.在地面上修一斜坡道，其填、挖方边坡如标准断面图所示，试用断面法完成道路的标高投影图。（提示：根据地形等高线和填挖方的地面交线趋势可作得填挖分界点）

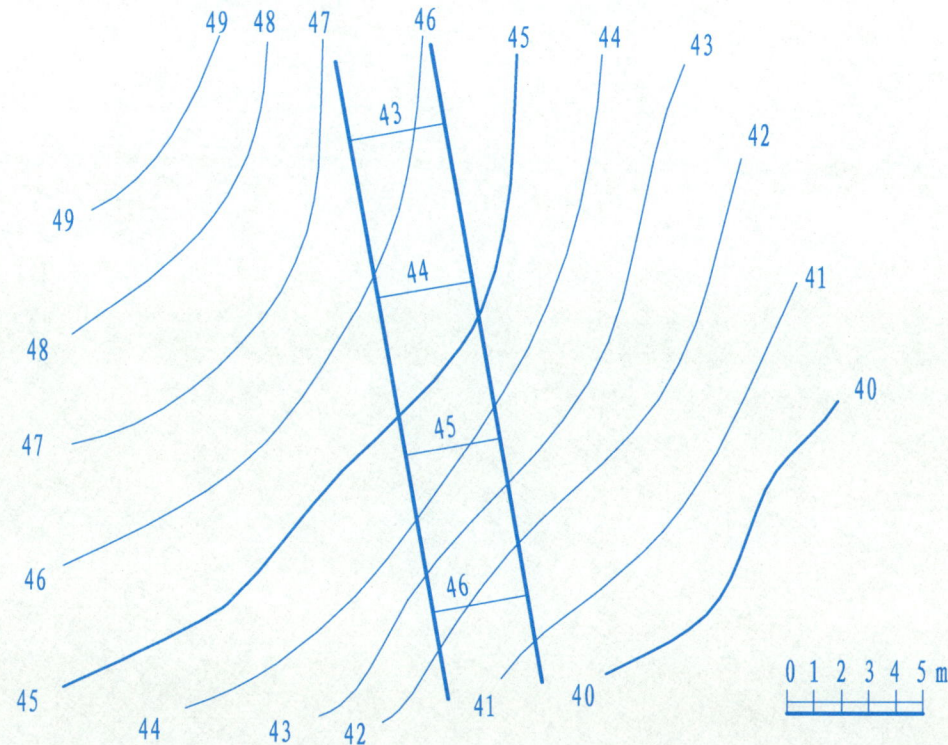

填方标准断面

挖方标准断面

A—A

B—B

C—C

▽43.00

▽44.00

▽45.00

▽46.00

第7章　制图的基本知识和技能

7.1　字体练习

土木工程制图房屋女儿墙道路桥梁

一二三四五六七八九十左右前后外

东西南北方向前后材料水泥砂浆砌石混凝土

大小比例长宽厚度单位形状设计说明班级姓名学号审核

1234567890

1　　　　6
2　　　　7
3　　　　8
4　　　　9
5　　　　0

ABCDEFGHIJKLMNOPQRSTUVW
XYZ

abcdefghijklmnopqrstuvwxyz

7.2 几何作图和尺寸标注

1.已知圆的直径为 ϕ60mm，作圆的内接正五边形。

3.已知两直线段,一直线段和一圆弧段,两圆弧段,要求以半径 R=12mm的圆弧分别光滑地将它们连接,并用 M、 N标明它们的切点。

2.已知椭圆的长轴为60mm，短轴为40mm，用四心圆法画椭圆。

4. 将左图中的错误尺寸在右图中正确标出。

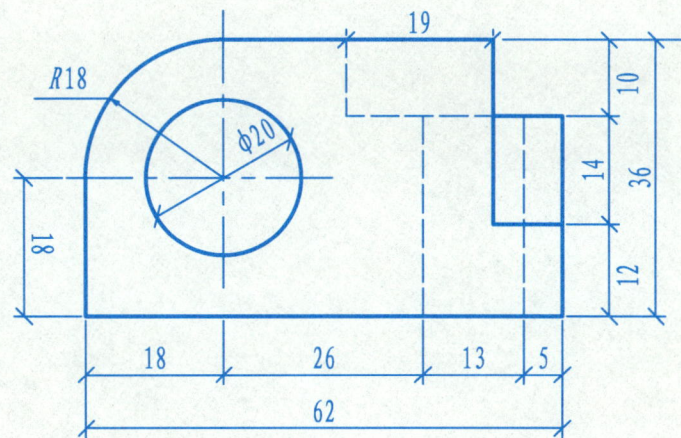

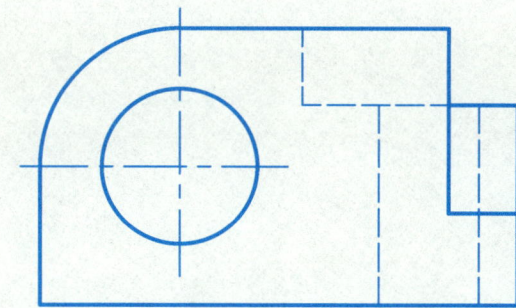

7.3 绘制平面图形

按图中指定比例绘制下列图形，A3图幅（可有选择地绘制，建议粗线宽0.7mm，尺寸数字用3.5号字）。

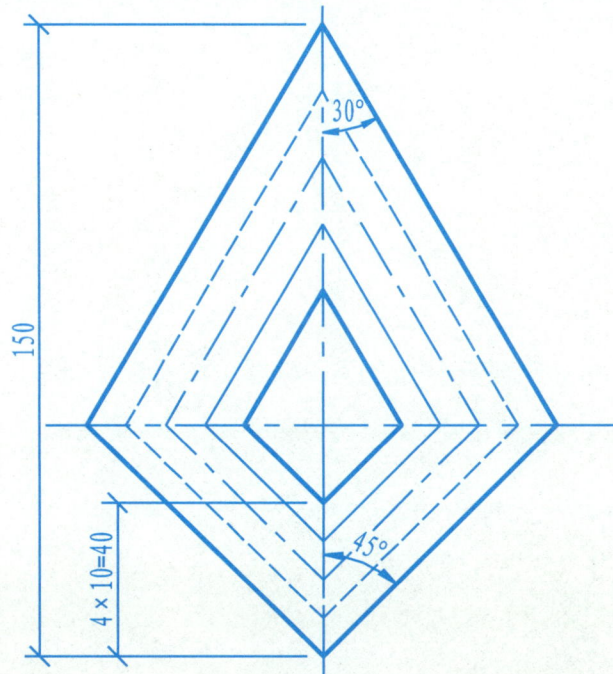

直线连接 1:1

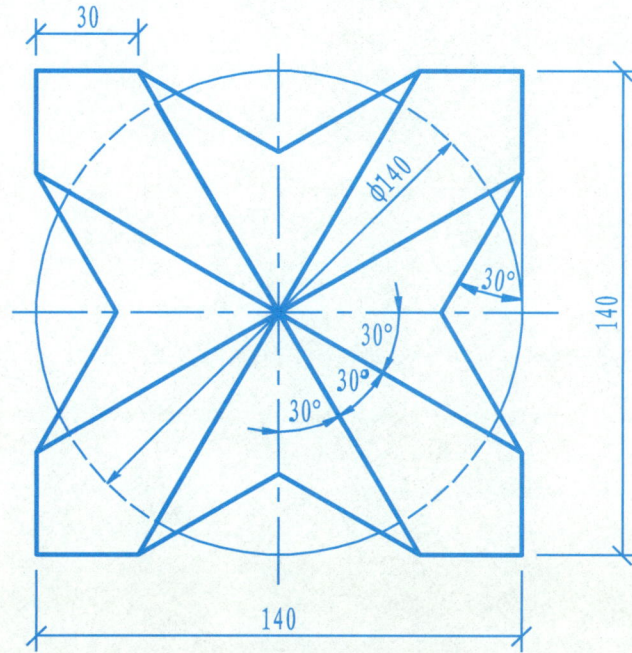

平面图形 1:2

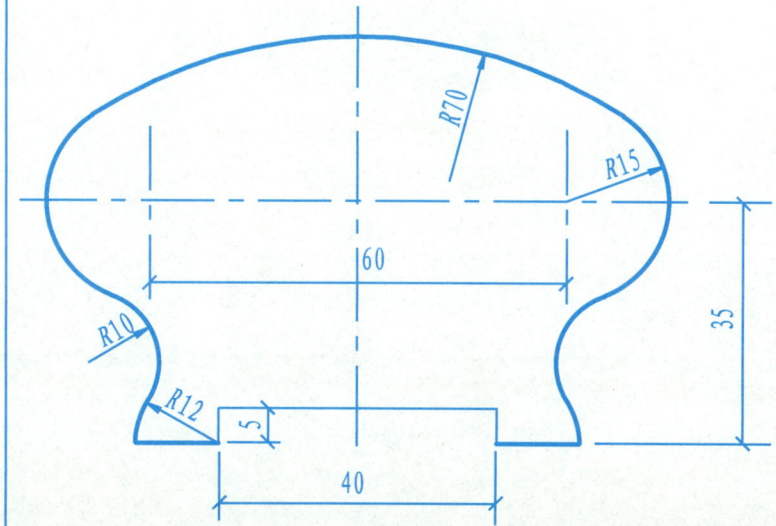

扶手 1:1

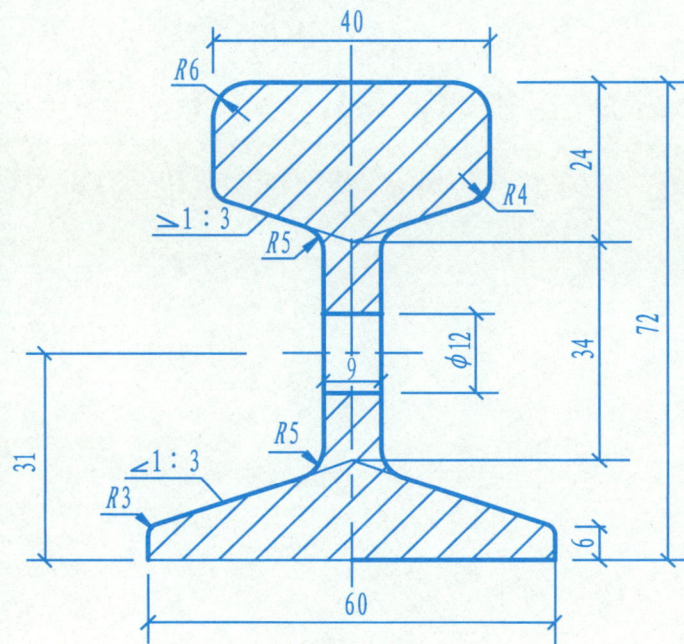

断面轮廓 1:1

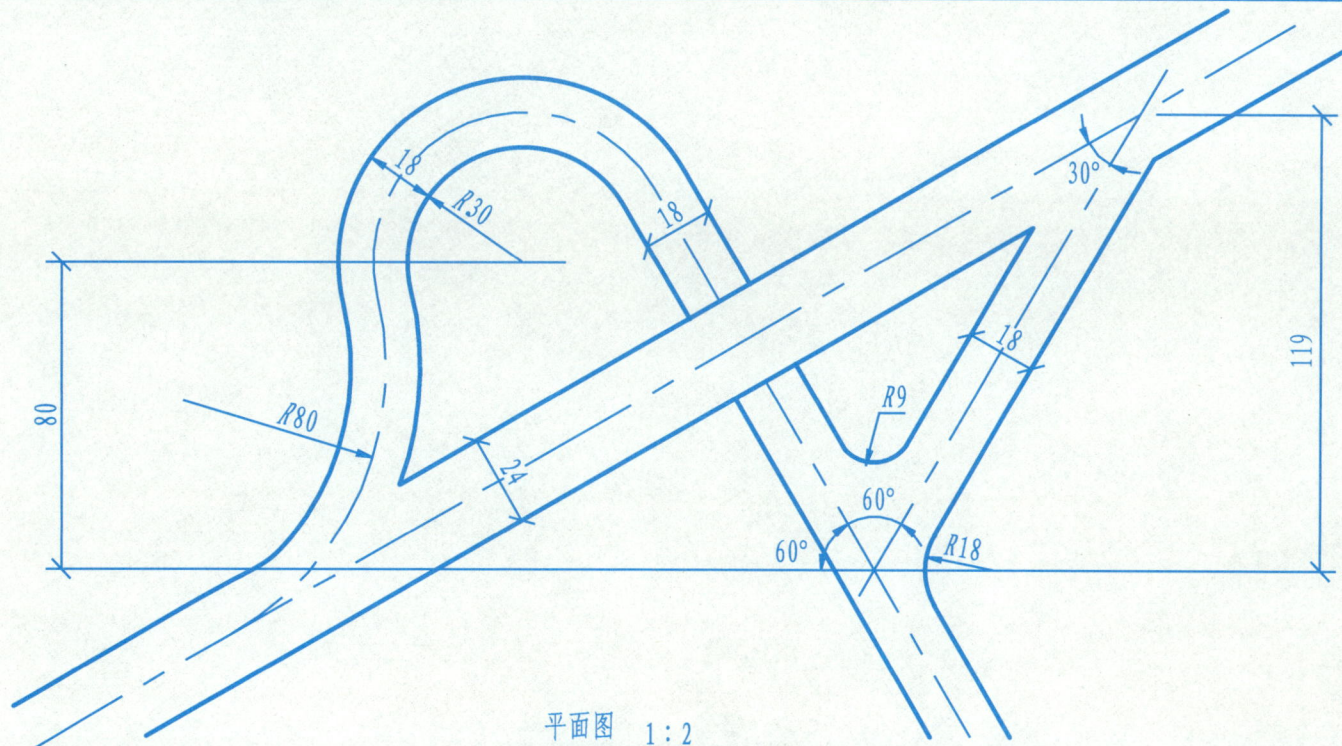

平面图 1:2

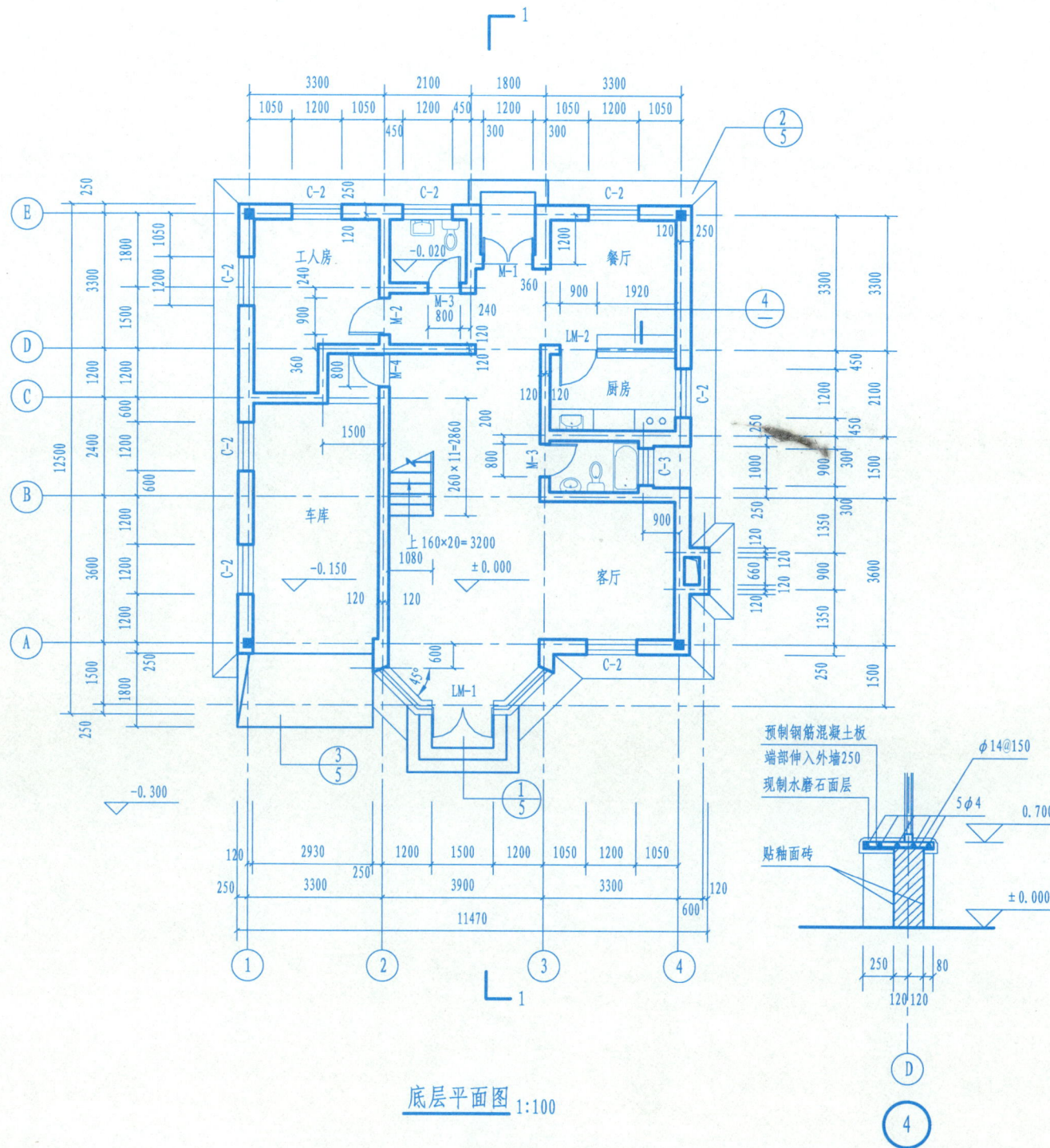

第8章 房屋施工图

8.1 建筑平面图的识读——底层平面图

| 班级 | 姓名 | 学号 |

本习题集给出了某别墅的建筑施工图和结构施工图，因篇幅所限，只给出了部分图样，教师也可按需要作适当的说明和补充。

阅读建筑平面图，并完成下列问题：

1. 一幢房屋的全套施工图的编排顺序一般为_____。

2. 建筑施工图包括_____等图样。

3. 标高数字应以_____为单位。_____标高以青岛附近的黄海平均海平面为零点；_____标高以房屋的室内地坪高度为零点；_____标高是构件包括粉饰层在内的、装修完成后的标高；_____标高则是构件的不包括粉饰层的毛面标高。

4. 建筑平面图是房屋的_____图，它主要用来表示房屋的_____情况。

5. 建筑平面图应包括_____等内容，在施工中的主要作用是_____。

6. 若一幢多层房屋的各层平面布置都不一样，应画出_____建筑平面图；若有多层的平面布置相同，则这几层可另外还应作出_____。

7. 从底层平面图可看出：这幢别墅的总长是_____米，总宽是_____米；有横向定位轴线_____条，纵向定位轴线_____条；外墙四周有_____排水。

8. 底层内外墙面上的门窗共有_____种，它们的型号是_____；二层内外墙上的门窗共有_____种，它们的型号是_____。

9. 仔细阅读屋顶平面图，想象屋顶的构造及其排水。

底层平面图 1:100

班级	姓名	学号

门窗一览表

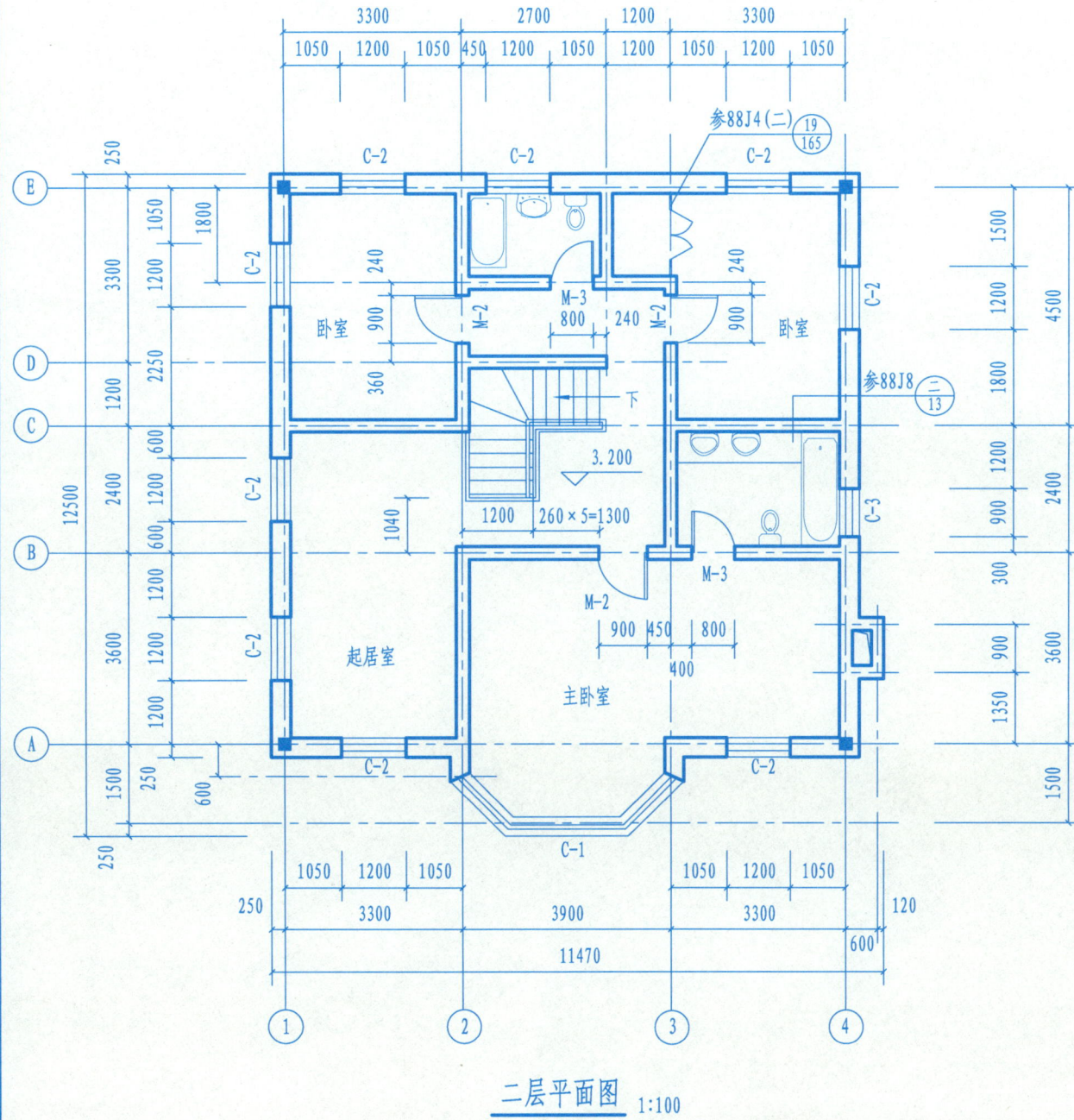

分类	序号	设计号	洞口尺寸	数量	形式	备注
门	1	M-1	1200×2700	1		
	2	M-2	900×2100	4		
	3	M-3	800×2100	4		
	4	M-4	800×1900	1		
门联窗	1	LM-1	现场制作	1	见平、立面图	铝合金框
	2	LM-2	2820×3100	1		铝合金框
窗	1	C-1	现场制作	1	见平、立面图	铝合金框
	2	C-2	1200×1800	17		铝合金框
	3	C-3	900×1800	2		铝合金框
	4	C-4	φ720	1		铝合金百叶窗

二层平面图 1:100

班级　　姓名　　学号

9.000

8.400

6.300

7.450　C-4

1800

3.200　C-2　C-1　C-2

1800

0.900

C-2

±0.000

-0.300

10500

① ④

①~④立面图 1:100

8.400

9.000

6.300

C-2　C-2　C-2

450

2.700

3.200

800

2.100

300　300

C-2　C-2　C-2

±0.000

-0.300

10500

④ ①

④~①立面图 1:100

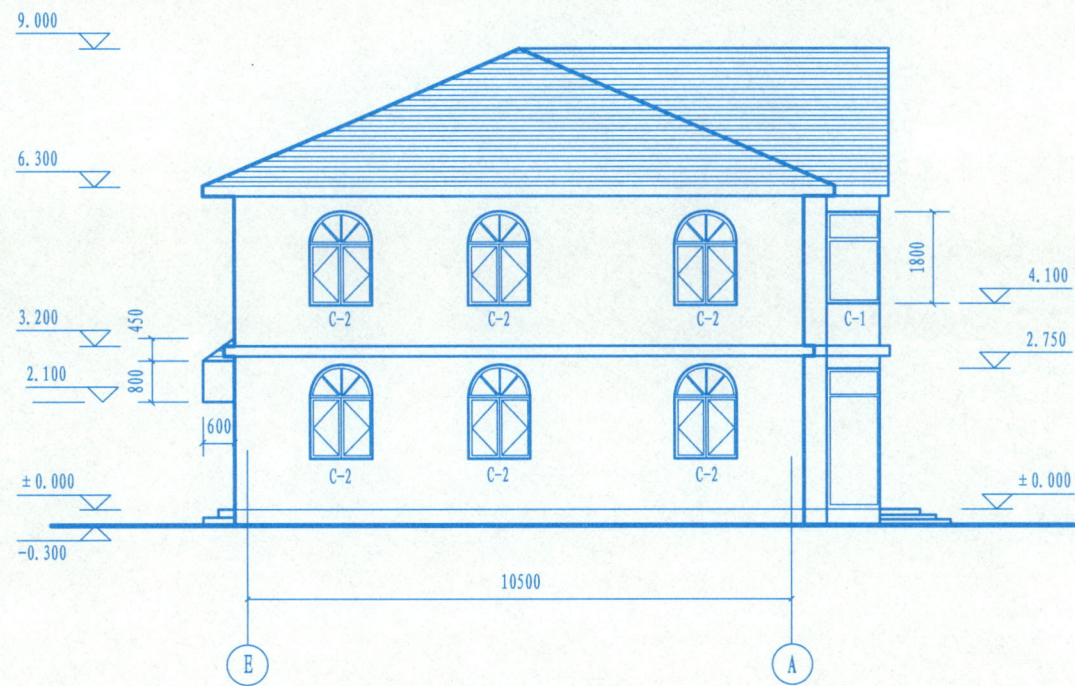

9.000

6.300

1800

C-2　C-2　C-2　C-1

4.100

450

3.200

2.100

800

2.750

600

C-2　C-2　C-2

±0.000

±0.000

-0.300

10500

Ⓔ Ⓐ

Ⓔ~Ⓐ立面图 1:100

9.000

6.300

4.100

1800

C-1　C-3　C-2

3.200

450

2.750

800

2.100

C-3　C-2

C-3

±0.000

-0.300

10500

Ⓐ Ⓔ

Ⓐ~Ⓔ立面图 1:100

阅读1-1剖面图，完成下列问题：

(1) 建筑剖面图是房屋的＿＿＿＿图，剖切位置通常选在＿＿＿＿＿＿＿＿＿＿的地方，并经常通过＿＿＿＿＿剖切。

(2) 一幢房屋应画哪几个剖面图，需按＿＿＿＿＿＿＿＿而定。建筑剖面图按＿＿＿＿＿命名。

(3) 建筑剖面图应包括被剖切面剖切到的＿＿＿＿和按投影方向可见的＿＿＿＿，以及必要的尺寸、标高等。它主要用来表示房屋的＿＿＿＿＿＿＿＿＿＿＿＿＿＿等情况。

(4) 由1-1剖面图对照底层平面图，确定其具体的剖切位置。

(5) 由1-1可看出，该别墅底层地面标高为＿＿＿＿，二层楼面标高为＿＿＿＿，屋脊标高为＿＿＿＿。

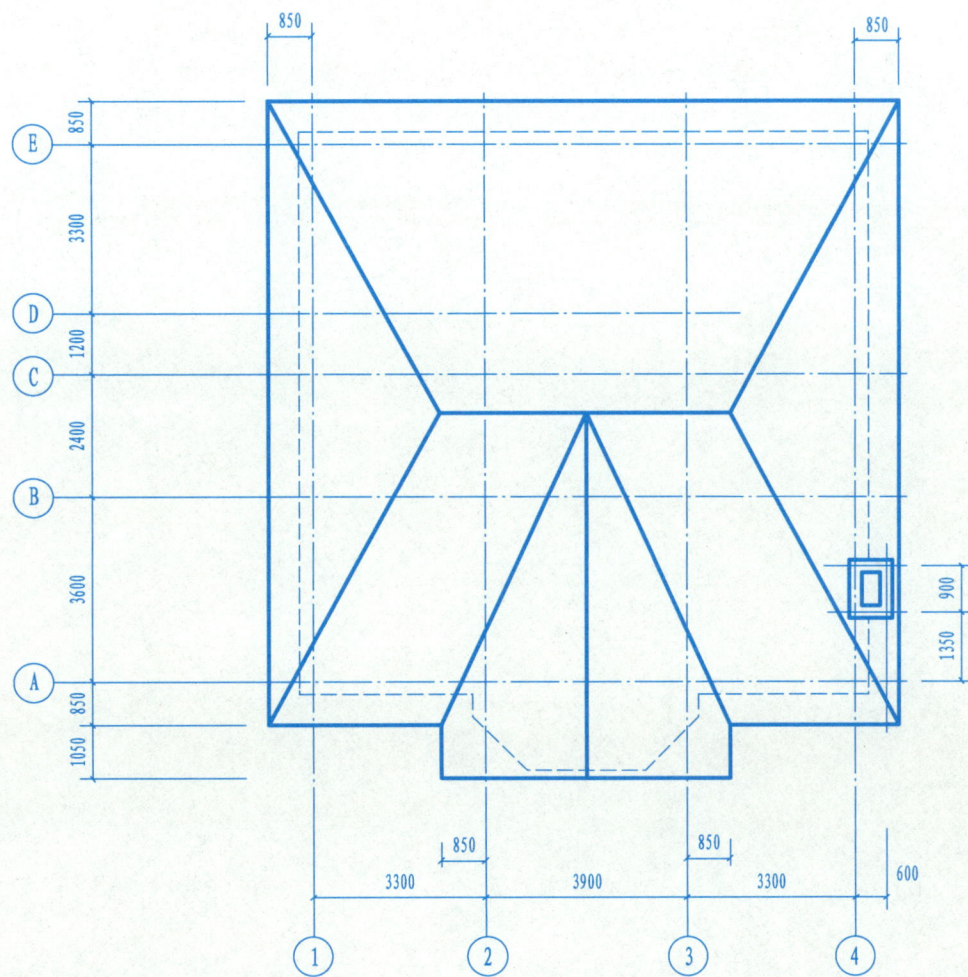

屋顶平面图 1:100

粘装饰瓦，颜色同屋顶
20厚1:1防水砂浆
水泥焦渣找坡
加气混凝土块填充

砖拱

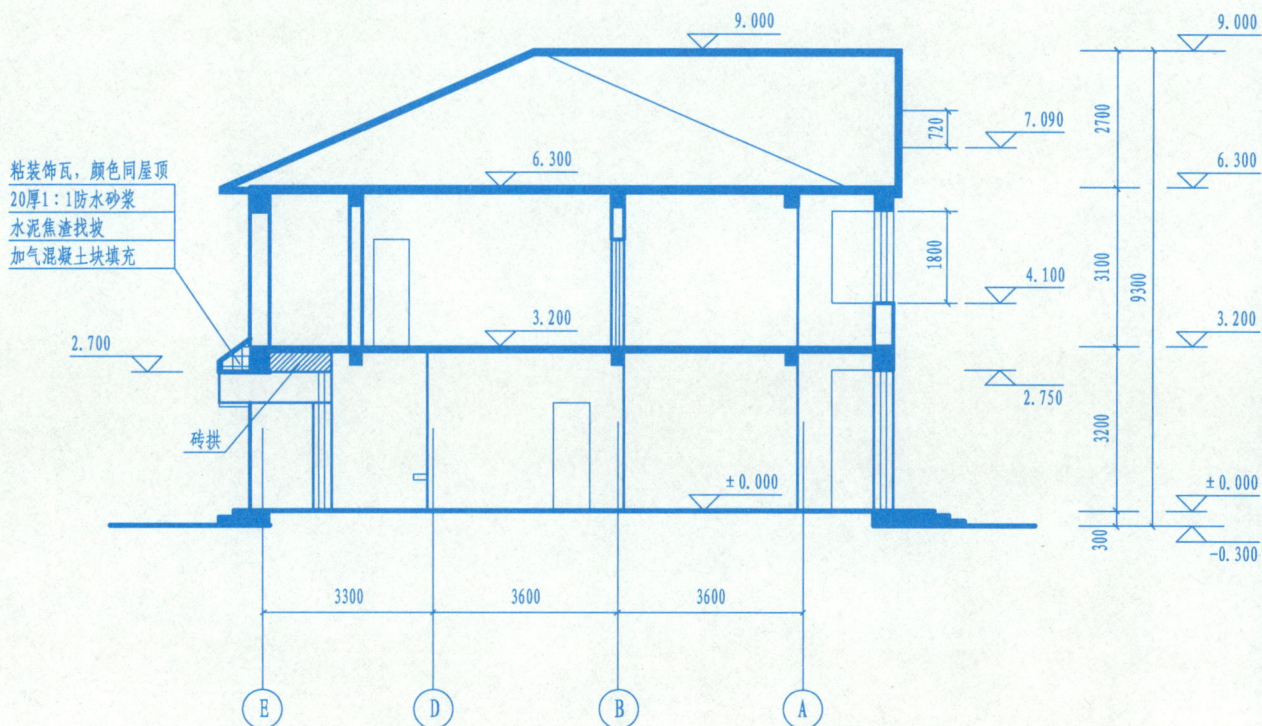

1-1剖面图 1:100

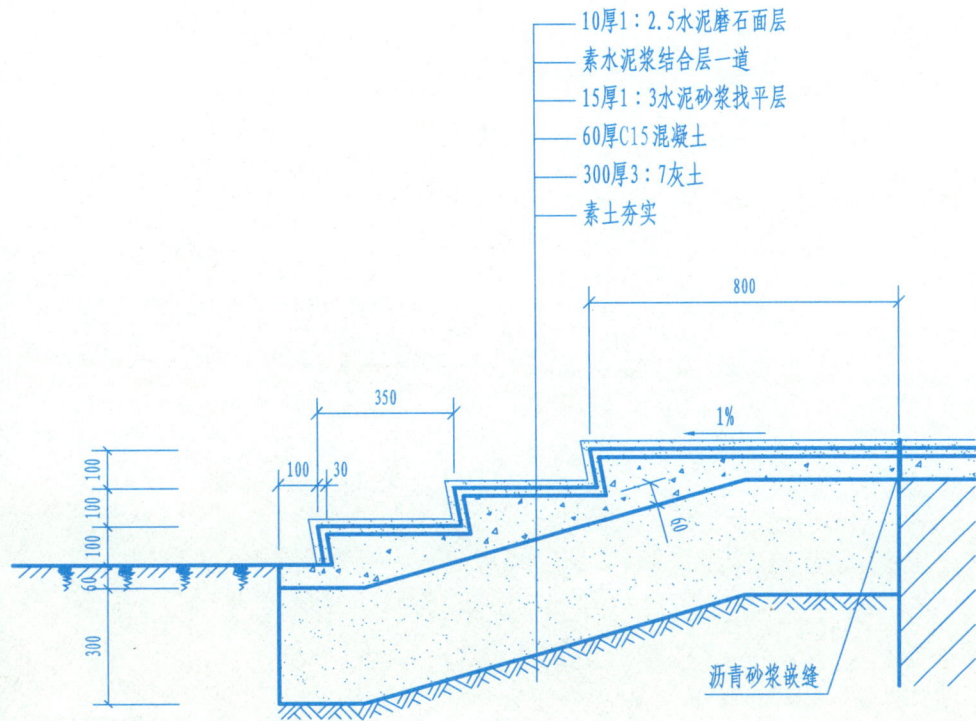

10厚1：2.5水泥磨石面层
素水泥浆结合层一道
15厚1：3水泥砂浆找平层
60厚C15混凝土
300厚3：7灰土
素土夯实

作业：抄绘本页详图。

要求：A3横式布置图面，比例1：20。建议图线的基本线宽b用0.7mm，数字字高用2.5mm，汉字字高用3.5mm。

说明：图中未注明尺寸处可估计画出。

800

350

100 30

1%

沥青砂浆嵌缝

100 100 100 100

300

60

①/1　1：20

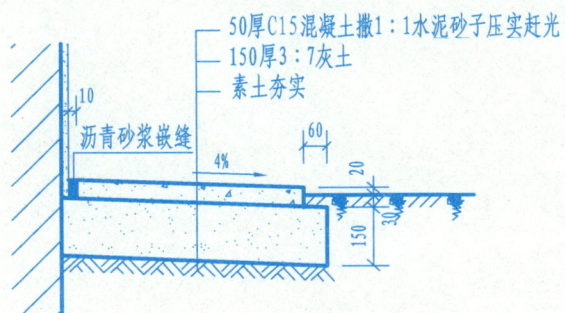

50厚C15混凝土撒1：1水泥砂子压实赶光
150厚3：7灰土
素土夯实

10

沥青砂浆嵌缝

4%

60

20

150

300

②/1　1：20

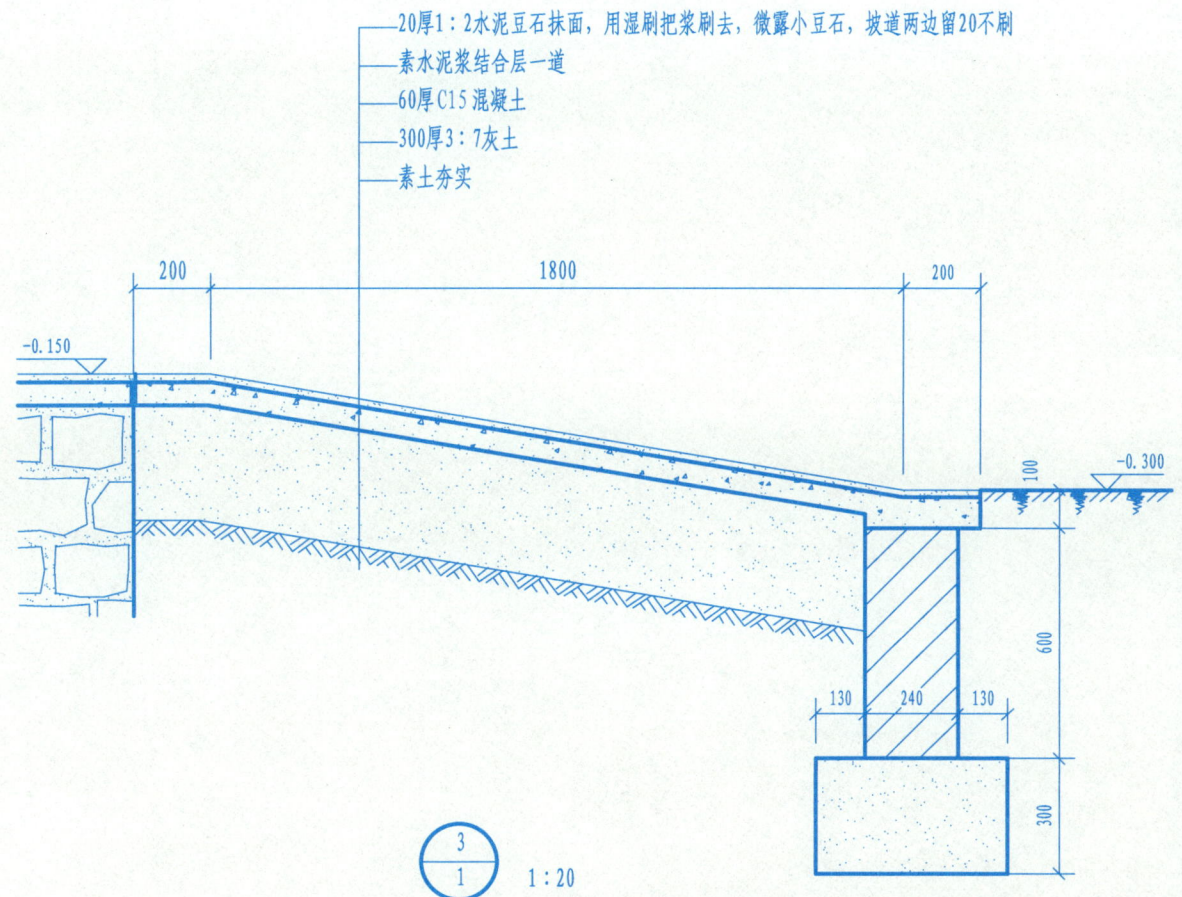

20厚1：2水泥豆石抹面，用湿刷把浆刷去，微露小豆石，坡道两边留20不刷
素水泥浆结合层一道
60厚C15混凝土
300厚3：7灰土
素土夯实

200　　1800　　200

-0.150

-0.300

100

600

130 240 130

300

③/1　1：20

作业要求:

1.根据给定的轴测图和尺寸，按照国家制图标准，绘制该房屋的建筑平、立、剖面图。

2.比例: 1:100。

3.图幅: A3。

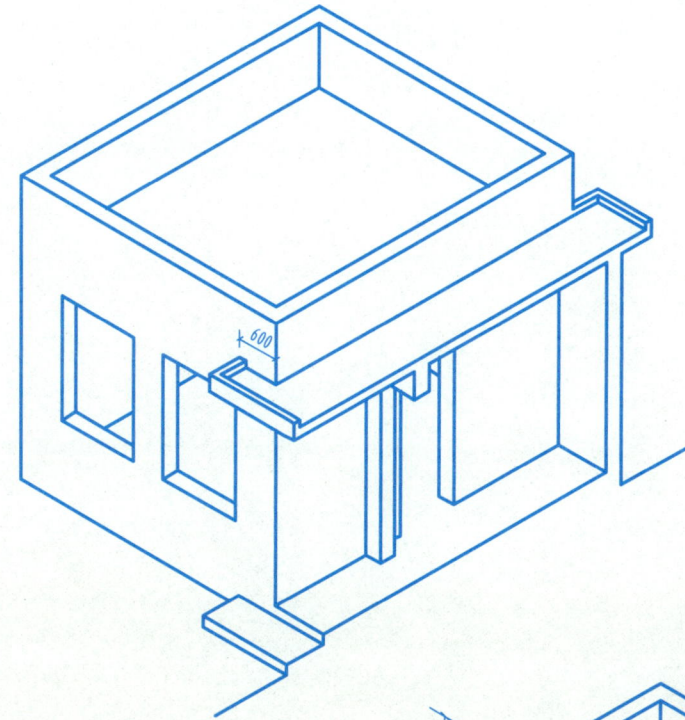

横剖面图

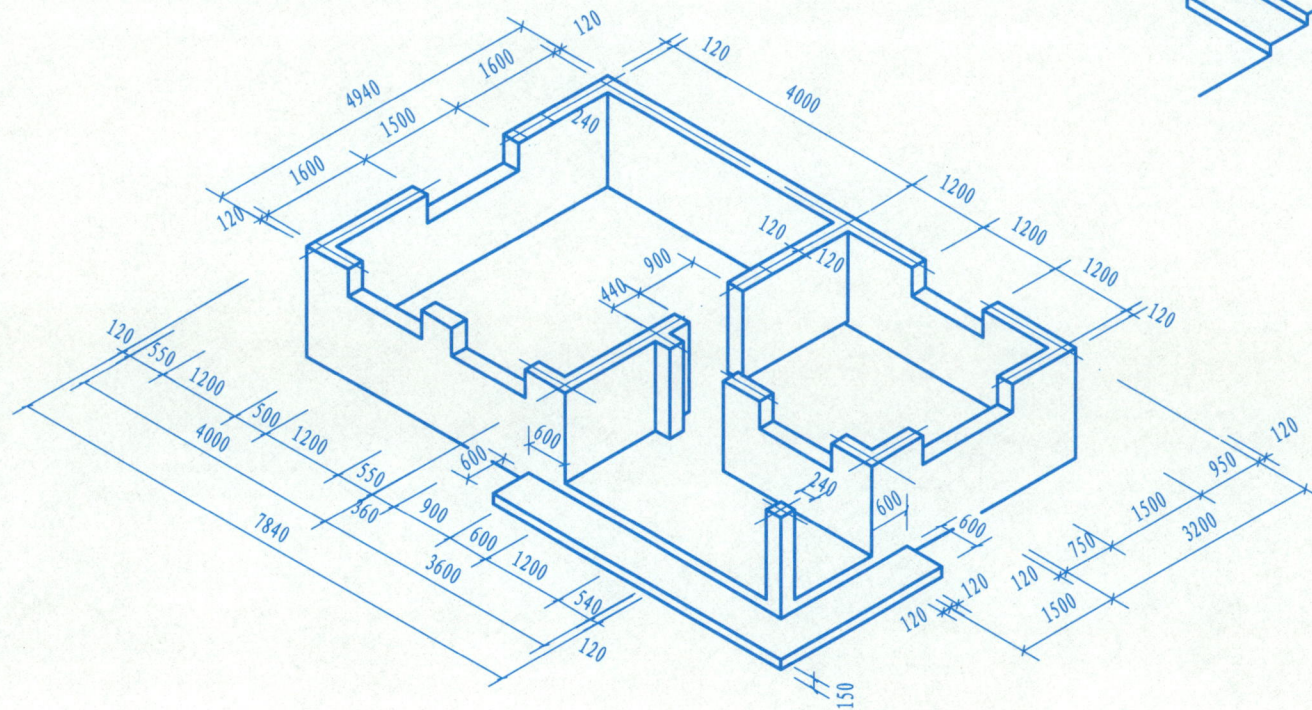

水平剖面图

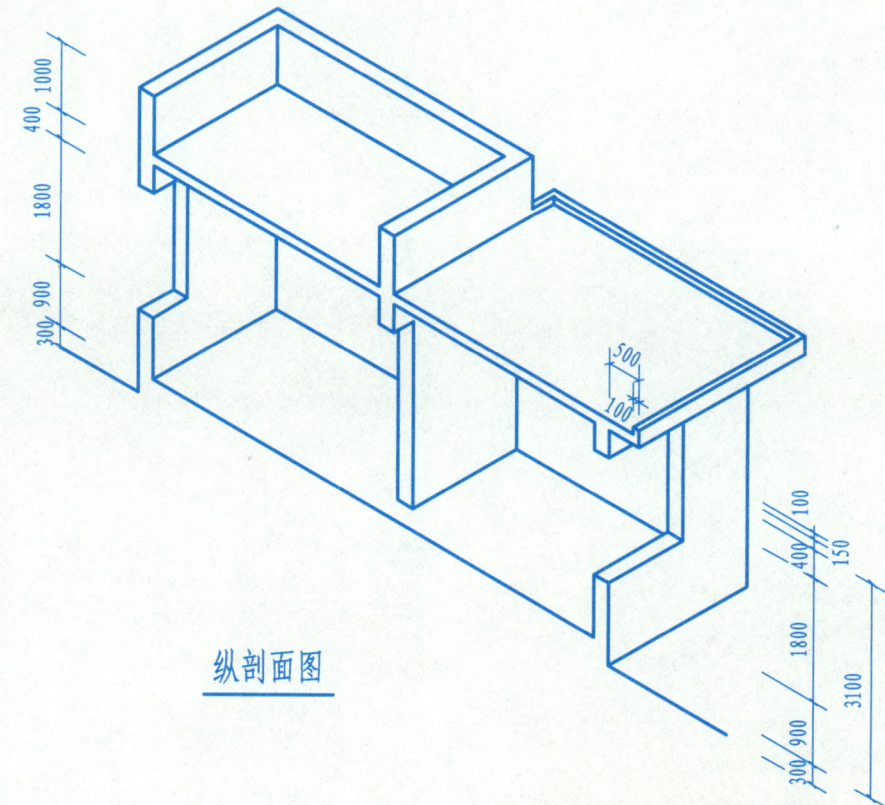

纵剖面图

8.7　钢筋混凝土结构图

一、填空题

1.配置在钢筋混凝土构件中的钢筋，按其所起的作用可以分为_____和_____等。

2.构件中的光圆钢筋两端必须做成弯钩，弯钩的形式有_____。带肋钢筋与混凝土的黏结力强，两端可不做弯钩。

3.结构构件可用代号标注，根据《建筑结构制图标准》，板的代号是_____；梁的代号是_____；柱的代号是_____；基础的代号是_____。

4.为了明显地表示钢筋混凝土构件中钢筋的配置情况，在构件图中，假想混凝土为透明体，其外形轮廓线用_____线画出，钢筋采用_____线画出，并应标注钢筋的_____。

5.在结构平面图中配置双层钢筋时，底层水平方向的钢筋弯钩向_____，竖直方向的钢筋弯钩向_____；顶层钢筋弯钩方向则相反。

二、解释钢筋混凝土结构图中下列图例和例图的含义

图例、例图	解释
○○	投影重叠的两端无弯钩的两种等长钢筋
○○	
平面图中的双层钢筋	左图：
	右图：

三、作图题

要求：

1.了解钢筋混凝土梁的配筋和画法，根据下图，画出1-1、3-3断面图。说明：梁下部的钢筋分上下两排，如2-2断面所示。

2.在A3幅面的图纸上，根据图中所示比例，抄绘钢筋混凝土梁的配筋图。

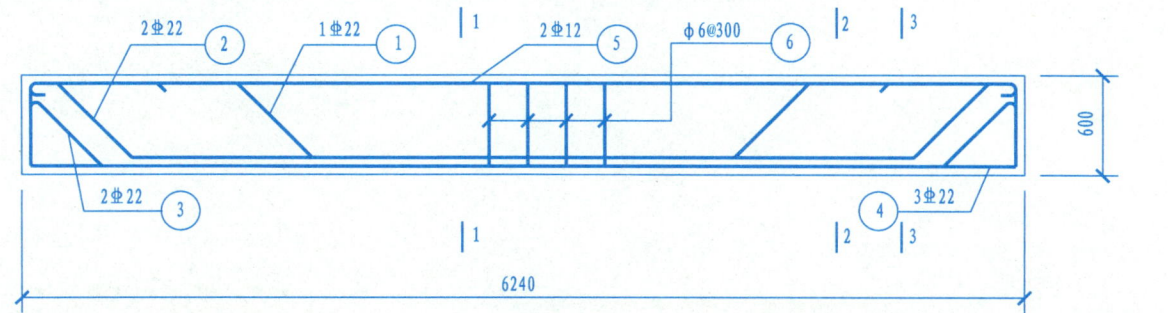

梁立面图　1：50

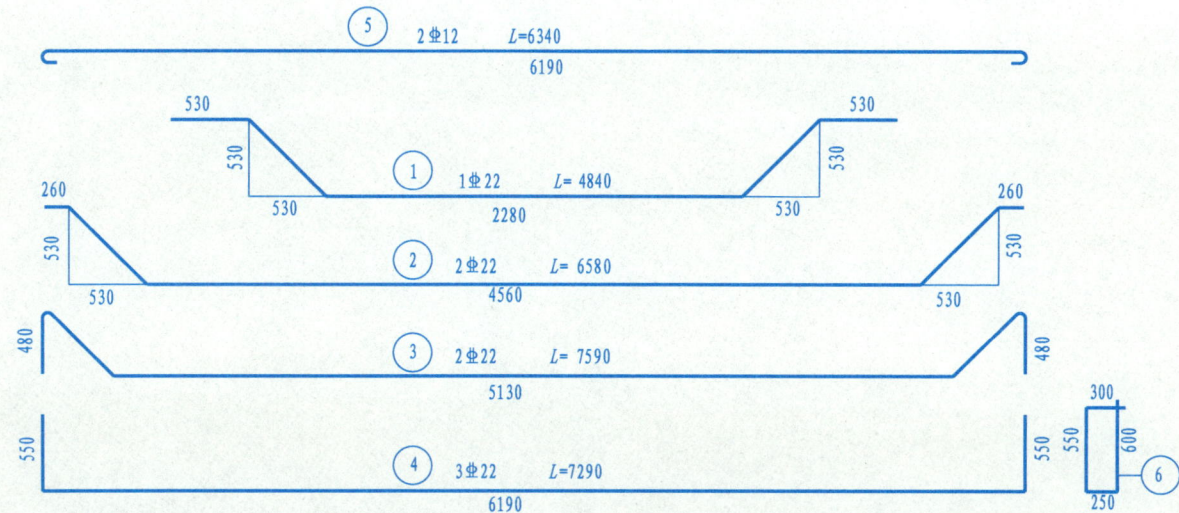

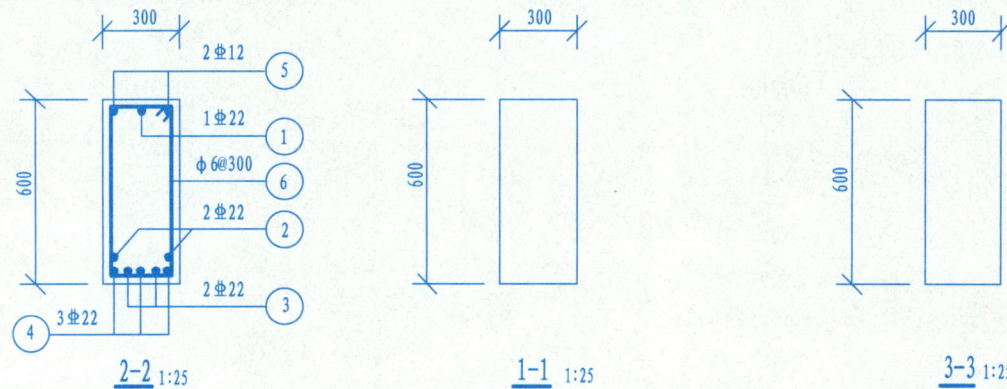

2-2 1:25　　　1-1 1:25　　　3-3 1:25

班级　　　　姓名　　　　学号

构造柱240×240

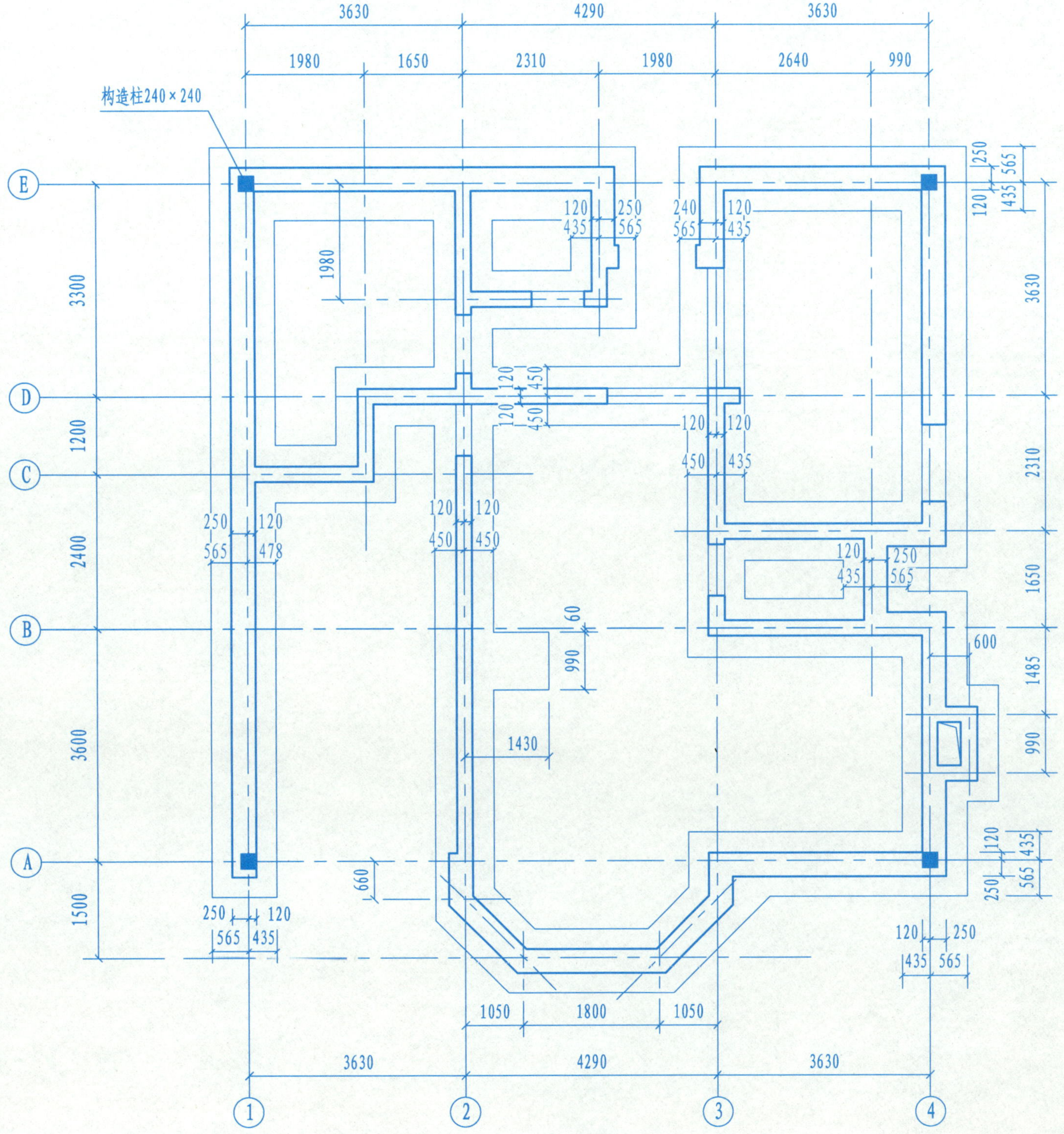

基础平面图 1:50

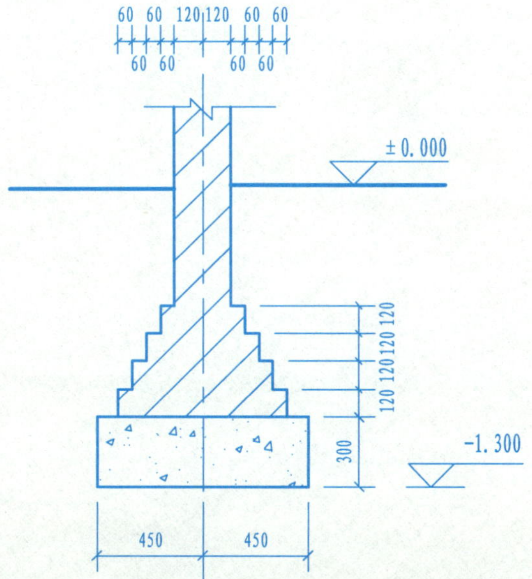

240墙基础 1:20

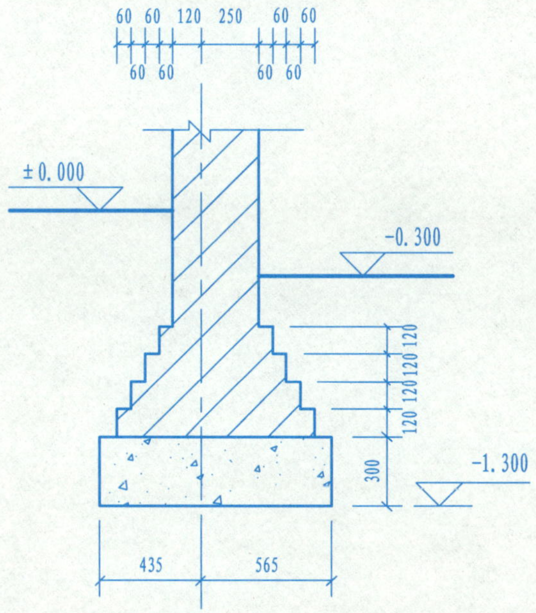

370墙基础 1:20

班级　　姓名　　学号

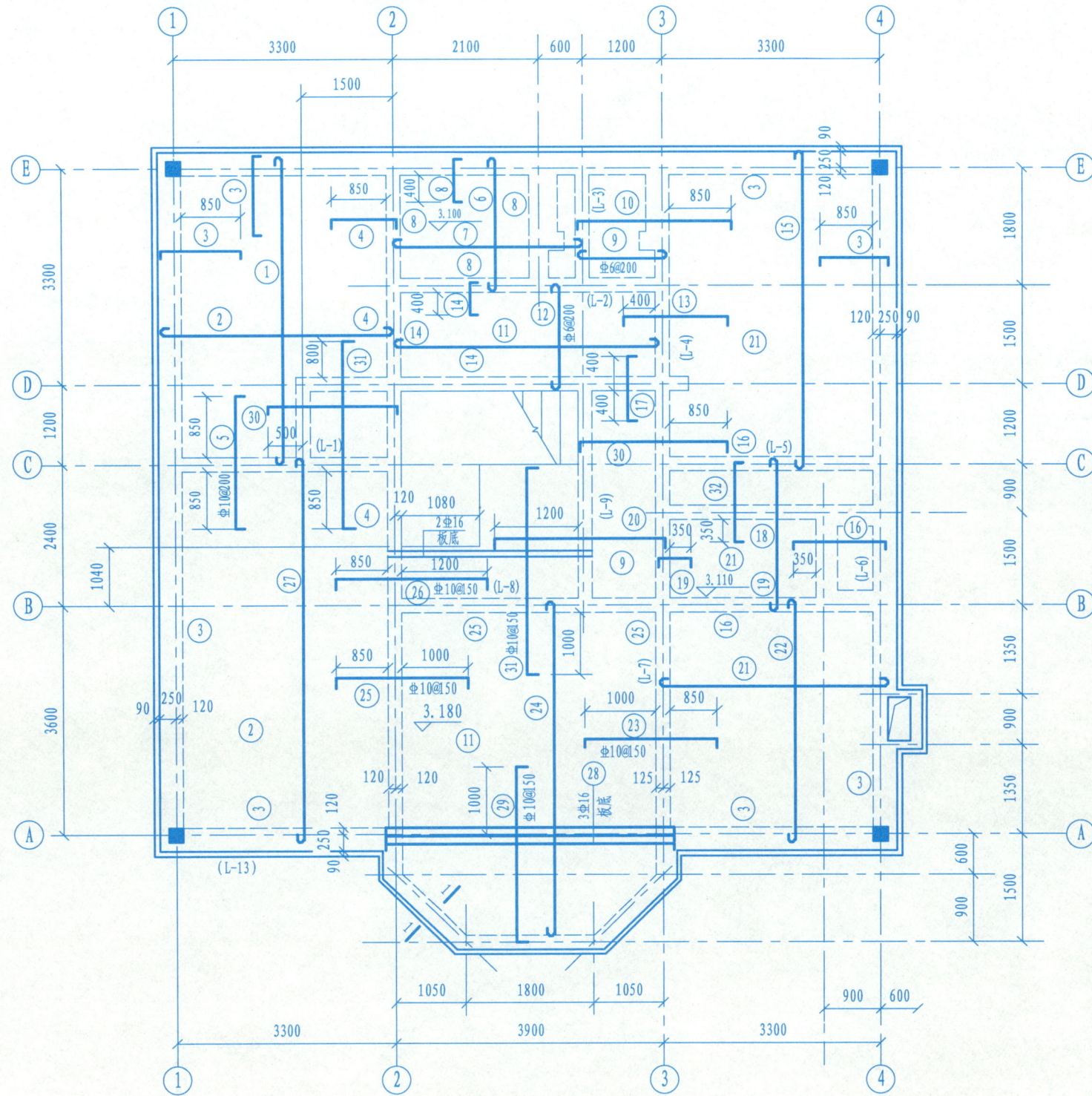

二层楼板配筋图 1:50

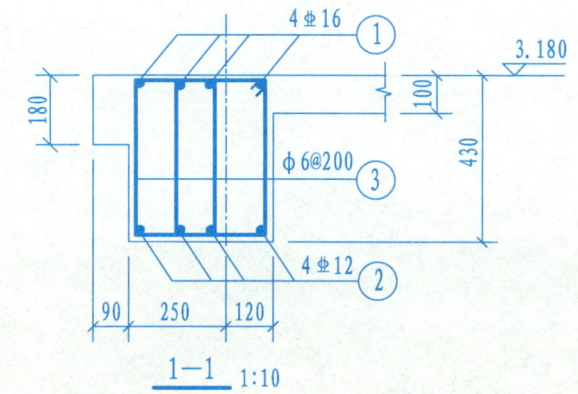

1—1 1:10

4Φ16 ①

φ6@200 ③

4Φ12 ②

说明:

1.图中未注明受力钢筋均为Φ8@200,分布筋均为φ6@200。

2.混凝土采用C20。

3.板厚均为100mm。

读图回答问题:

1. 图样中采用哪种方式表达柱平法施工图?
2. 图样中共有几种编号的框架柱? 识读其尺寸和配筋。

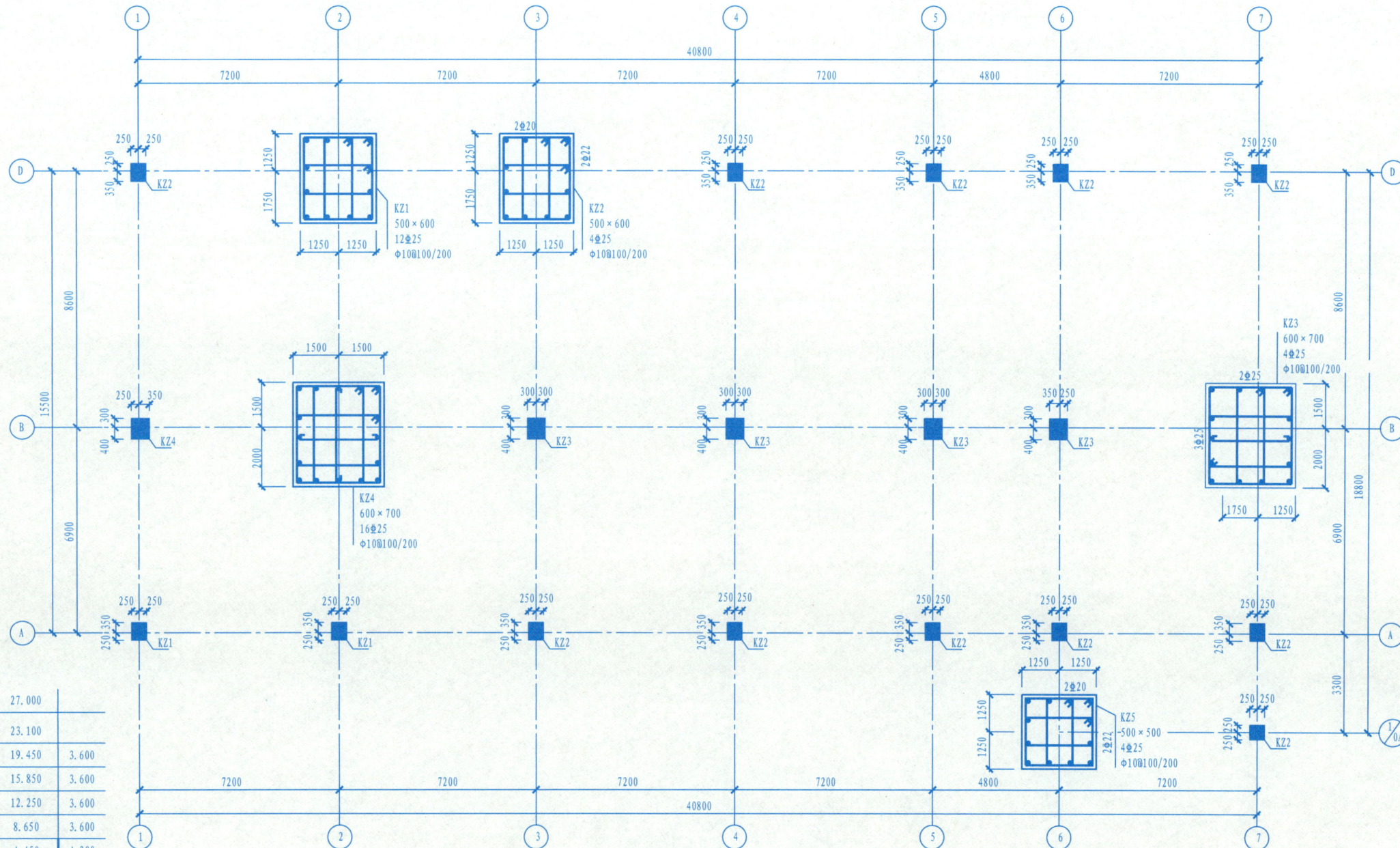

基础顶~8.650m柱平法施工图

说明:
1. 材料: 钢筋HPB300(φ), HRB400(Φ)。
2. 框架柱钢筋保护层厚度为30mm。
3. 图集选用(16G101-1)《混凝土结构施工图平面整体表示方法及制图规则》。

屋面(二)	27.000	
电梯机房屋面(一)	23.100	
6	19.450	3.600
5	15.850	3.600
4	12.250	3.600
3	8.650	3.600
2	4.450	4.200
1	-0.050	4.500
层号	标高/m	层高/m
	结构楼层标高结构层高	

读图回答问题：

1. 图样中采用哪种方式表达梁平法施工图？简述该方式的表达方法。

2. 图样中共有几种类型的梁？各自的编号如何？

3. 识读KL208的尺寸和配筋，并作出该框架梁每跨跨中、支座处的配筋断面图（比例1:20）。

4. 识读KL207、L209的尺寸和配筋。

8.650m梁平法施工图

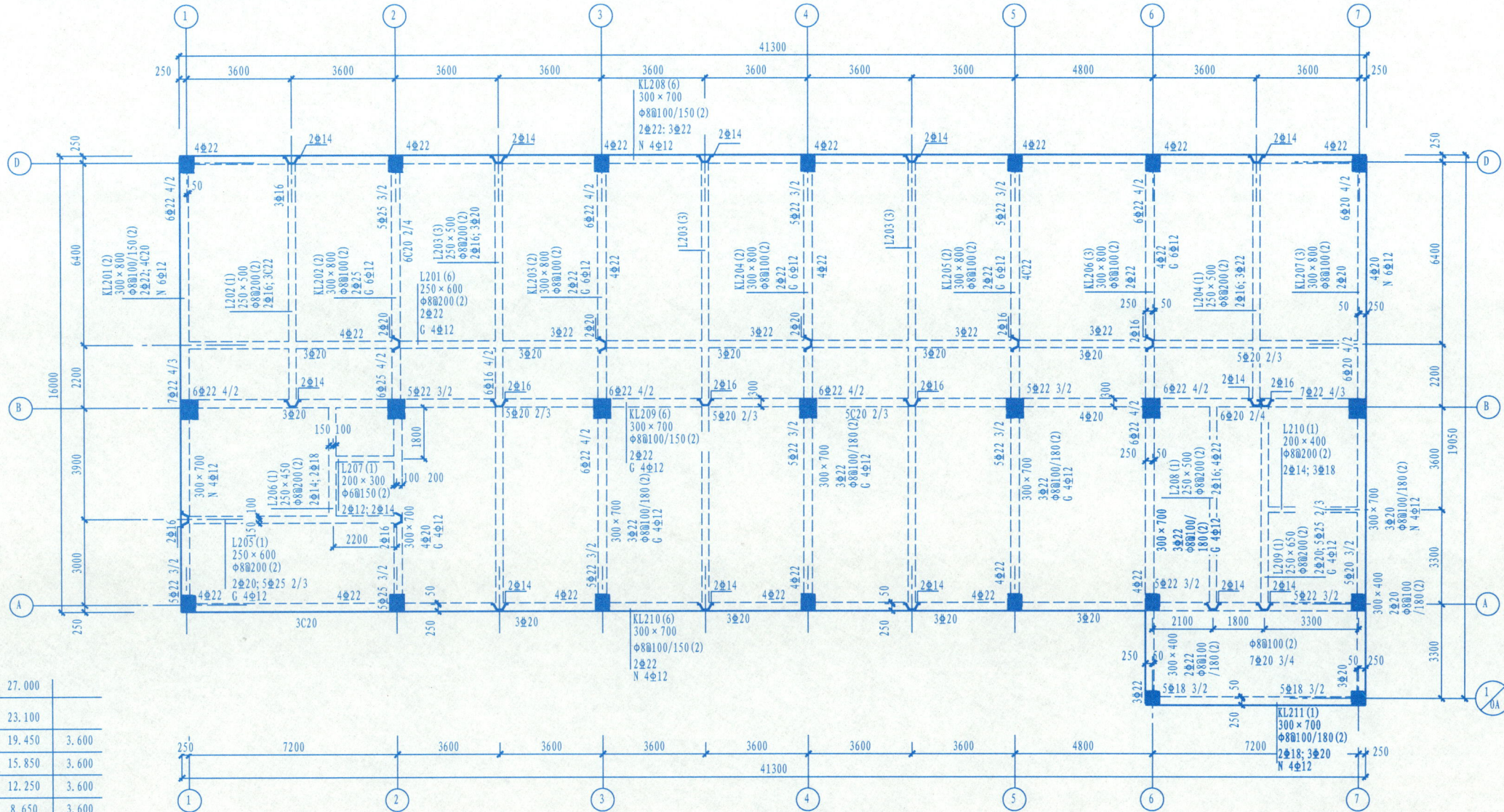

层号	标高/m	层高/m
屋面（二）	27.000	
电梯机房屋面（一）	23.100	
6	19.450	3.600
5	15.850	3.600
4	12.250	3.600
3	8.650	3.600
2	4.450	4.200
1	-0.050	4.500
层号	标高/m	层高/m

结构楼层标高
结构层高

第9章 路桥工程图

| 9.1 识读公路路线平面图 | 班级 | 姓名 | 学号 |

要求：阅读图纸9.1和9.2，熟悉路线平面图和纵断面图的图示内容和表达方法。

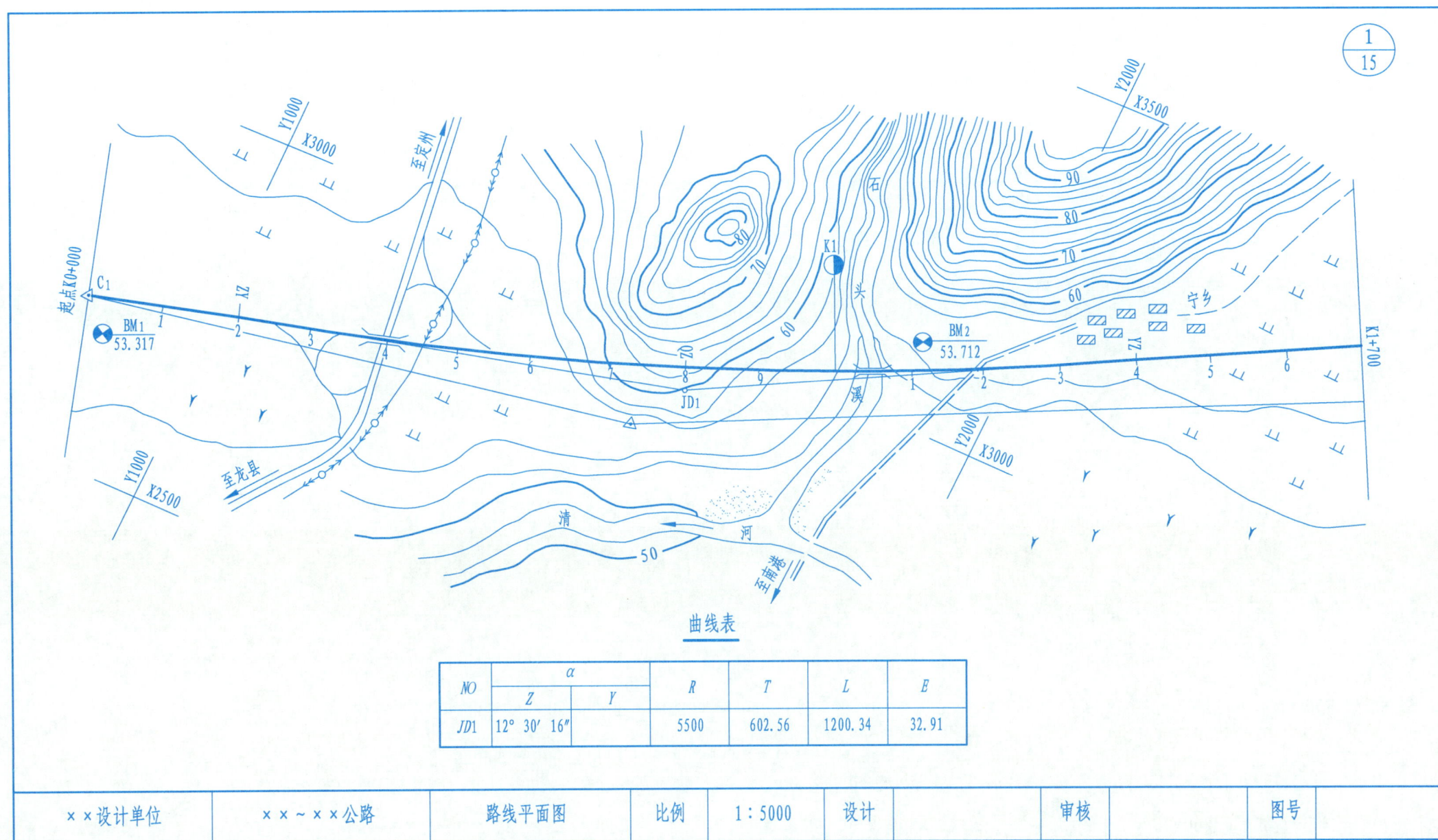

曲线表

NO	α		R	T	L	E
	Z	Y				
JD1	12° 30′ 16″		5500	602.56	1200.34	32.91

| ××设计单位 | ××～××公路 | 路线平面图 | 比例 | 1：5000 | 设计 | | 审核 | | 图号 | |

BM1 53.317

$R=30000$ $T=225$ $E=0.84$

BM2 53.712

在K0+025右侧约50m / 在台阶内侧岩石上
1φ75钢筋混凝土圆管涵11.7m / K0+100
1-20m钢筋混凝土T梁桥 / K0+400
1-75×100石台身板涵长10.3m / K0+445
1-20m石拱桥 / K1+050
1-4×3m钢筋混凝土箱形通道 / K1+180
在K1+215左约20m / 岩石上

水平 1:5000
垂直 1:500

地质情况	粉质中塑性黏土	中塑性黏土	粉质中塑性黏土
坡度/坡长	1.0%　500m	1200m	-0.5%

填高	1.75	4.49	4.60	5.59	5.23	5.70	6.16	4.99	0.17	4.00	6.00	10.23	5.60	4.80 / 4.50	4.00	3.70	3.70	2.20	0.60
挖高										61.50									
设计高程	58.00	59.00	60.00	60.99	61.74	62.00	62.16	62.24	61.99	61.50	61.00	60.50	60.25	60.00	59.60 / 59.50	59.00	58.50	58.00	57.50	57.00
原地面高	66.25	54.51	55.40	55.42	56.51	56.30	56.00	57.25	61.32	63.30	57.00	54.50	50.02	54.40	54.80 / 55.00	55.00	54.80	55.30	55.30	56.40
里程桩号	0+000.00	0+100.00	0+200.00	0+300.00	0+400.00	0+445.00	0+500.00	0+600.00	0+700.00	0+800.00	0+900.00	1+000.00	1+050.00	1+100.00	1+180.00 / 1+200.00	1+300.00	1+400.00	1+500.00	1+600.00	1+700.00
平曲线			JD_1		$R=5500$		$a=12°30'16''$												

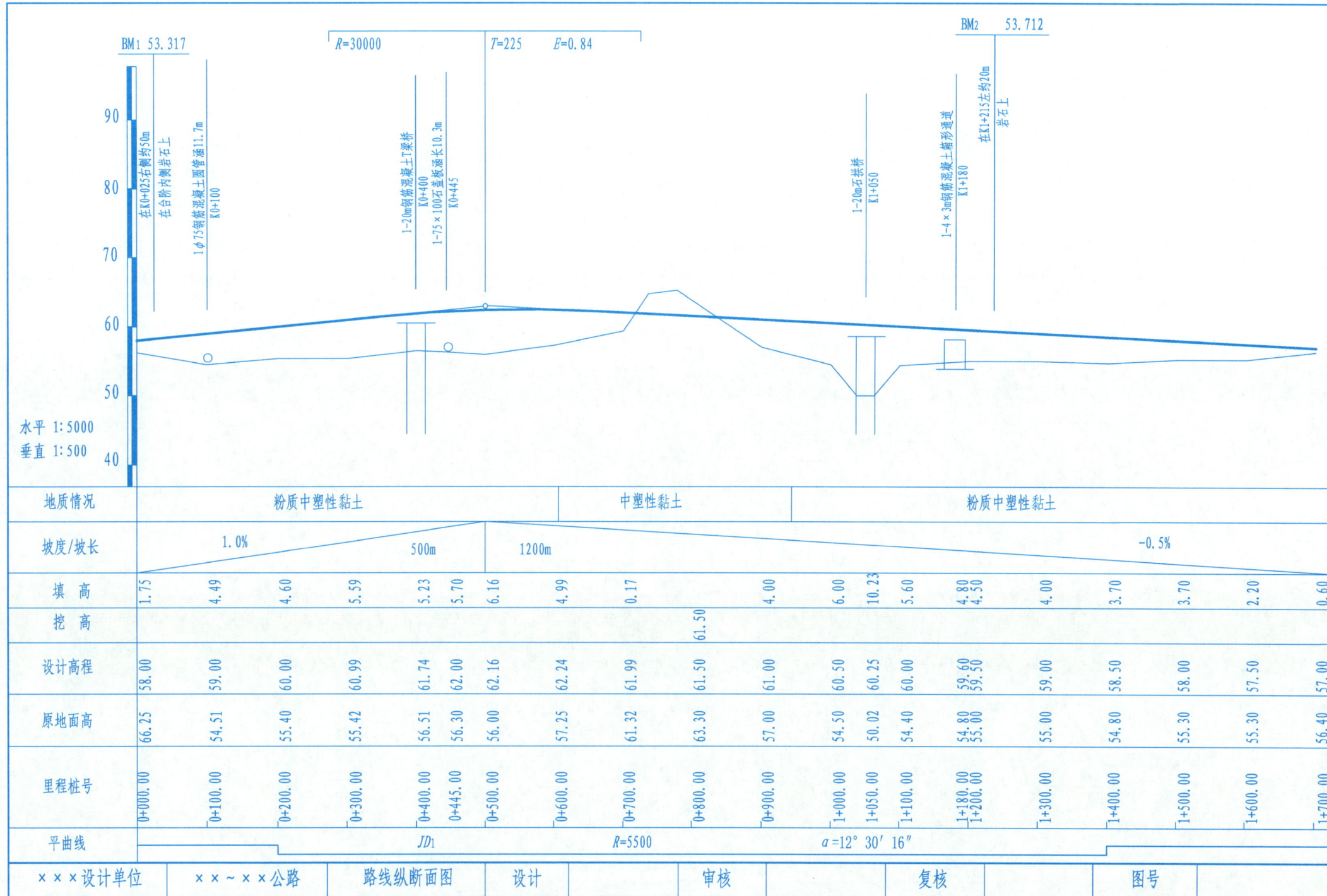

×××设计单位	××~××公路	路线纵断面图	设计	审核	复核	图号

补全地面线（细线）、设计线（粗线）和填、挖高程数字。

路线纵断面图　　比例：横向1:2000　　纵向1:200

曲线数据：
- 1+053.550　R=3000　T=66.45　E=0.736　1+120　1+186.450　1260.74
- 1+472.125　R=2500　T=47.875　E=0.458　1+520　1+567.875　1272.48

高程标注：1270、1260

项目																																	
地质情况												中塑性黏土																					
坡度距离	420		1.43										3.00										400								6.83			410
填高																	1.20			0.80						1.60	2.20	0.80			0.46	4.52	6.74	4.10
																1.14										2.29							
挖高	3.79	8.08	8.86	8.14	7.32	3.86													2.60	3.21	1.00								0.45				
设计高程	1261.71	1261.42	1261.14	1260.86	1260.68	1260.64	1260.74	1260.96	1261.32	1261.81	1262.40	1263.00			1264.80	1265.68	1266.00	1266.60	1267.20	1267.24	1267.80	1268.40	1268.79	1269.00		1269.60	1270.20	1270.29	1270.80	1271.55	1272.46	1273.52	1274.74	1276.10
原地面高	1265.50	1269.50	1270.00	1269.00	1268.00	1264.50	1261.00	1258.00	1256.00	1258.00	1266.00	1265.00	1262.20	1260.00	1266.00	1263.00	1265.00	1265.60	1266.70	1266.00	1266.10	1267.00	1271.00	1272.00	1270.00	1268.00	1268.00	1268.00	1270.00	1272.00	1272.00	1269.00	1268.00	1272.00
桩号	1+000	1+020	1+040	1+060	1+080	1+100	1+120	1+140	1+160	1+180	1+200	1+220	1+240	1+260	1+280	1+300	1+309.20	1+320	1+340	1+360	1+361.17	1+380	1+400	1+413.14	1+420	1+440	1+460	1+463.14	1+480	1+500	1+520	1+540	1+560	1+580
平曲线					JD5　α=40°(右)　R=220　T=105.333　L=50×2　E=14.909															JD6　α=14°(右)　R=1031.620　T=126.667　L=2520.724　E=7.747														

• 44 •

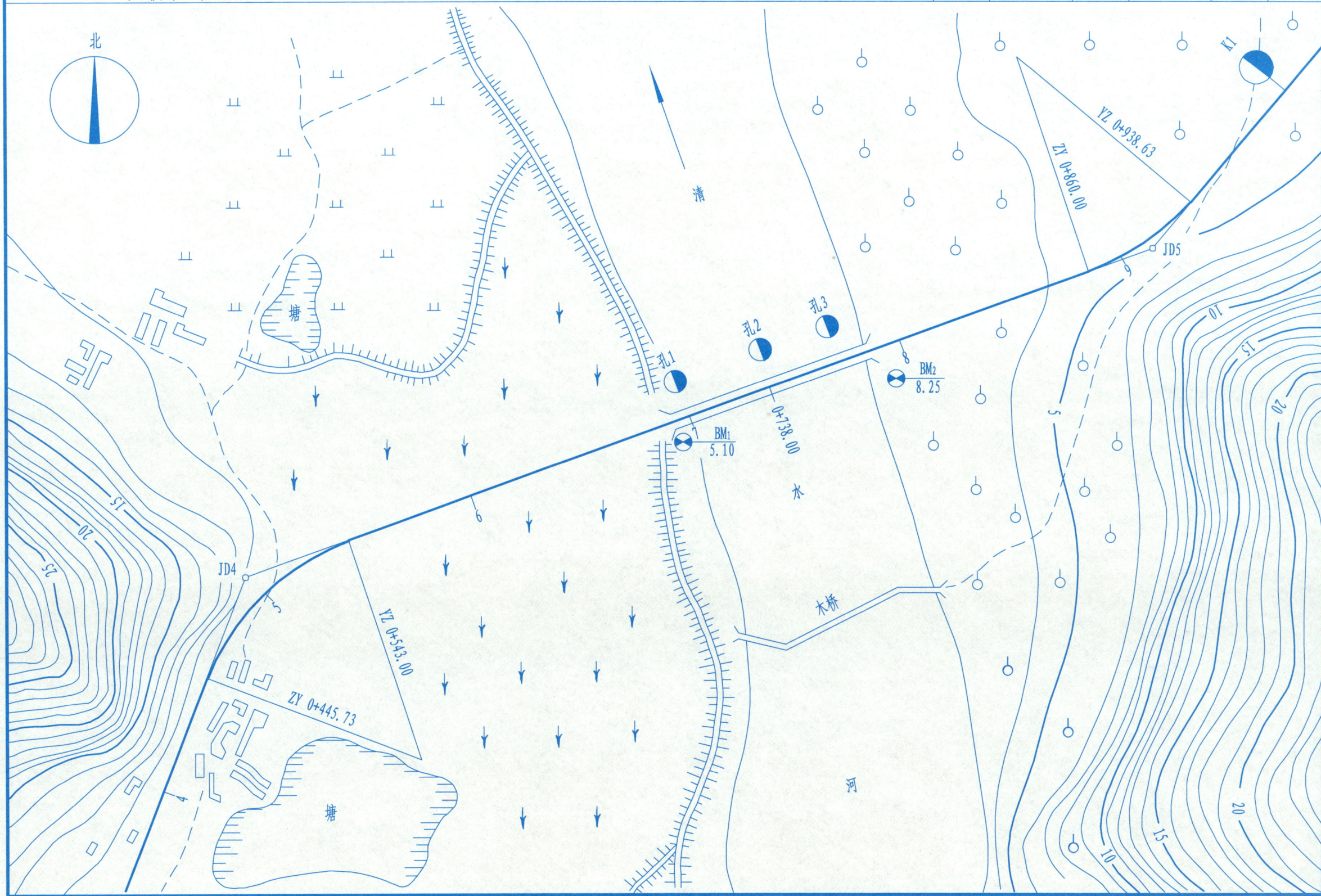

北

清

塘

孔1

孔2

孔3

BM₂
8.25

0+738.00

BM₁
5.10

水

木

河

木桥

JD5

K1

YZ 0+938.63

ZY 0+860.00

10

15

5

20

15

20

10

15

20

JD4

15

5

4

YZ 0+543.00

ZY 0+445.73

塘

6

第 10 章 水 利 工 程 图

10.1　识读坝体结构图	班级	姓名	学号

读图回答问题:

1.坝体结构图采用了哪些表达方法?

2.在尺寸标注中都用了哪些标注形式?

3.阅读坝体结构图,简述坝体结构主要情况(上下游结构,主要面标高等)。

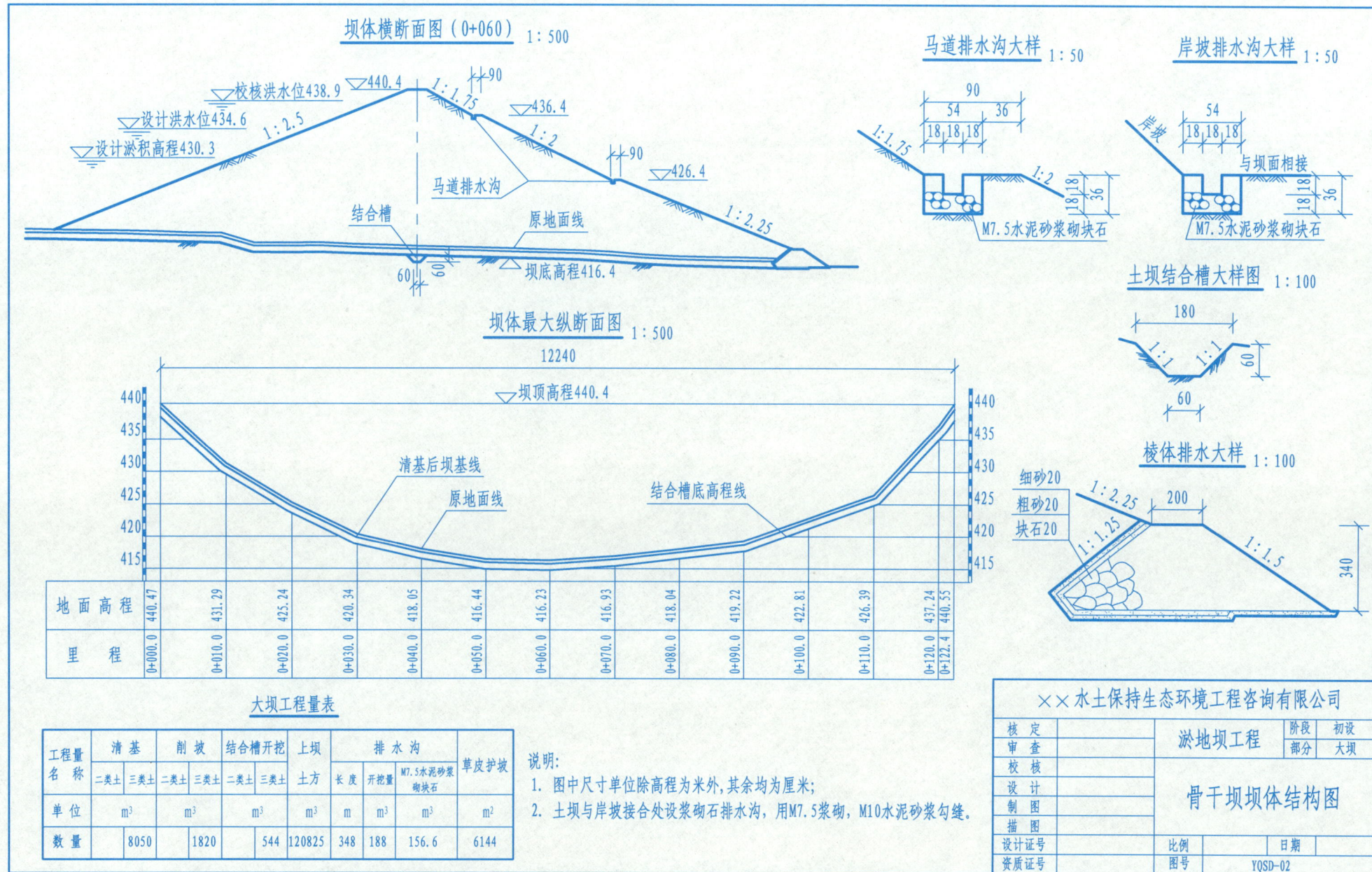

大坝工程量表

工程量 名称	清基		削坡		结合槽开挖		上坝	排水沟			草皮护坡
	二类土	三类土	二类土	三类土	二类土	三类土	土方	长度	开挖	M7.5水泥砂浆 砌块石	
单位	m³		m³		m³		m³	m	m³	m³	m²
数量	8050		1820		544		120825	348	188	156.6	6144

说明:

1. 图中尺寸单位除高程为米外,其余均为厘米;

2. 土坝与岸坡接合处设浆砌石排水沟,用M7.5浆砌,M10水泥砂浆勾缝。

××水土保持生态环境工程咨询有限公司				
核定		淤地坝工程	阶段	初设
审查			部分	大坝
校核				
设计		骨干坝坝体结构图		
制图				
描图				
设计证号		比例		日期
资质证号		图号	YQSD-02	

阅读涵洞式进水闸结构图，回答下列问题：

1. 涵洞式进水闸由哪几部分组成？
2. 在涵洞式进水闸结构图中采用了哪些表达方法？
3. 平面图和上、下游立面图中各用了什么特殊画法？
4. 简述涵洞式进水的闸结构形式。

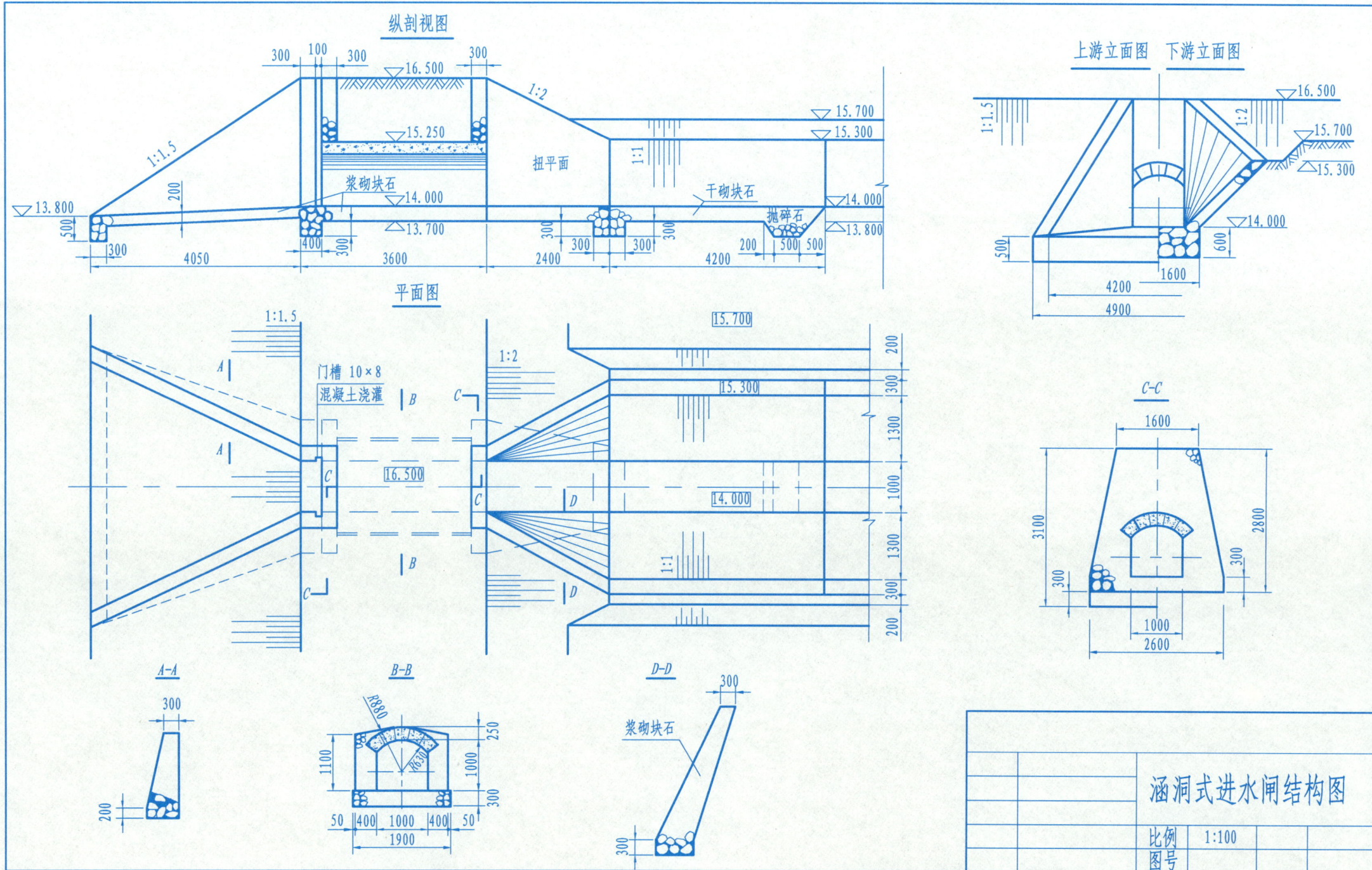

纵剖视图

上游立面图 下游立面图

平面图

门槽 10×8
混凝土浇灌

浆砌块石

干砌块石

抛碎石

扭平面

C-C

A-A

B-B

D-D

浆砌块石

涵洞式进水闸结构图

		比例	1:100
		图号	